新版

毎日のハーブ使いこなしレッスン

心と体を癒す普段使い＆おもてなしレシピ

メイツ出版

はじめに

フレッシュハーブで入れたハーブティーを外を眺めながらいただくのは
都会で暮らす私にとって何よりも贅沢な時間です。
プランターにハーブを植えれば、
いつでも摘みたてのハーブティーを味わえます。

ハーブは数千年もの間、人が健康でいるために必要としてきたものです。
私も毎日の料理に、デザートに、バスタイムに活用しています。
そして食卓にもハーブを飾りながら
家族の心と体の健康を祈り、
笑顔を絶やさない自分でいたいと思っています。
この本には、ハーブの使い方のヒントをたくさん詰め込みました。
みなさまの暮らしに少しでもハーブの香りがお役に立てば嬉しいです。

諏訪 晴美

Contents

CHAPTER 1
ハーブを料理に活用しましょう

※本書は2017年発行の『もっと暮らしに 毎日のハーブ 使いこなしレッスン』の内容を元に、情報の更新と加筆・修正を行い、書名と装丁を変更して新たに発行したものです。

CHAPTER 2
ハーブのドリンクやスイーツを作りましょう

CHAPTER 3
お家の中でもハーブを楽しみましょう

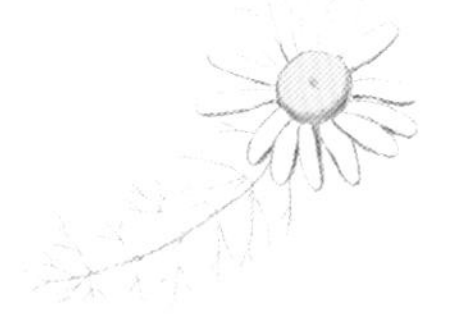

ハーブについて

ハーブを使い始めたきっかけは、毎日帰りが遅かった広告代理店で働いていたころ、夜10時までに帰宅できた日は自炊をすると決めていた日々のことでした。何気なくスーパーで買ってきたローズマリーを料理に使ったところ、香りが胃を刺激したせいか疲れているのにもかかわらず、ご飯をとても美味しく食べられたことに驚きました。

それからローズマリーとオレガノの鉢植えを買ってきて、週に3回はハーブを料理に使うようになりました。毎日が気持ち良くなっていき、半年程使い続けた時に、極度の末端冷え性が改善し、手足がすっかりぽかぽかするようになったのです。そこからハーブを学び、ローズマリーには血行促進作用があり、オレガノは料理の味を深めることを知り、すっかり虜になってしまいました。

ハーブは、紀元前の古代ギリシャやローマで用いられ、またインドの伝統医学アーユルヴェーダの書物にも数百種のハーブやスパイスの処方が記されています。先人の知恵は今でも研究が続けられ、日本でも現代医療と併用したかたちで、ハーブの効能が認められつつあります。

風邪の予防や心身のリラクゼーションのための活用は、自宅でもかんたんにできることばかり。美味しさを味わいながら、無理のない楽しい方法を日々取り入れるのが私流です。

気がつけば、プランターや花壇に20種類以上のハーブを育てるようになっていました。楽しそうに水やりをする子どもの姿を見ていると、人が植物の力に癒やされるのを実感します。

太陽の恵みがハーブの香りを高め、私たちはハーブからにこやかな毎日をもらっているのです。

ハーブを生活に取り入れることは、何もむずかしいことではありません。とにかく気軽に使ってみてほしいです。本書では、とてもかんたんな使い方ばかりを紹介しています。忙しく、時間に追われる日々を送っていらっしゃる方こそ、ぜひお試しください。

そして、みなさまの暮らしがハーブの香りが届く素敵な毎日であることを願って。

アイコンの見方

料理
ハーブティー
バス
サシェ

それぞれのハーブに適した利用方法をアイコンで表示しています。

※サシェはドライハーブを使用

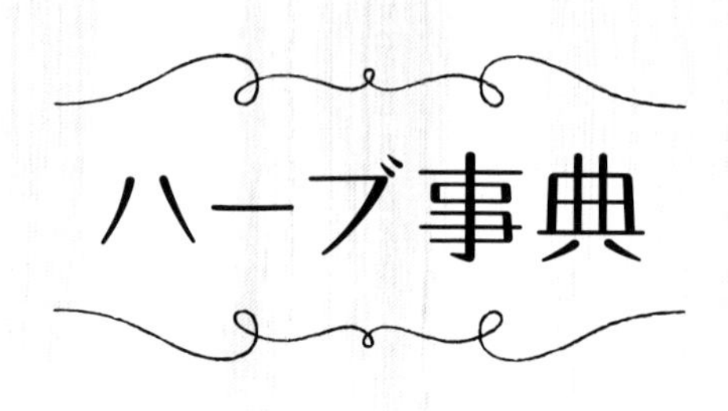

Italian parsley

イタリアンパセリ

学名：Petroselinum crispum
分類：セリ科　半耐寒性二年草
和名・別名：オランダゼリ
草丈：20〜60㎝
原産地：地中海沿岸
利用部位：葉・茎
増やし方：種まき
収穫時期：春〜秋
特性：利尿作用
注意点：子宮を刺激する成分も含まれているため、妊娠中の摂取は控えましょう。肝臓疾患がある人も注意しましょう

世界で一番使われているハーブ

ヨーロッパで古くから料理に用いられ、世界に広がりました。日本で一般的な葉が縮れたパセリ（モスカールドパセリ）よりも風味がまろやかで苦みも少ないため食べやすいです。スープに浮かべるのもおすすめ。茎はセロリに似た香りがし、数本入れてスープの出汁にもなります。

Gardening

定期的に外側の茎を収穫して使うことで新しい芽を常に食べることができます。花が咲くと、その茎は固く苦みを増して食べづらくなるので、花を早めに摘み取ることで長い時期収穫を楽しめます。

Recipe

クリームチーズのディップ(P.30)／ブーケガルニ(P.46)／フレッシュハーブのサラダ(P.48)／ドライハーブミックス(P.54)／ハーブマヨネーズ(P.56)／ハーブソルト(P.60)／鶏ハム(P.68)／チーズのオイル漬け(P.74)／ハーブスコーン(P.88)

Oregano

オレガノ

学名：Origanum vulgare
分類：シソ科の多年草
和名・別名：ハナハッカ、
　　　　　ワイルドオレガノ
草丈：40〜60㎝
原産地：地中海沿岸
利用部位：葉・花穂
増やし方：種まき
収穫時期：春〜秋
特性：抗菌、防腐、消化機能活性化
注意点：特に知られていない

万能な隠し味

ローマ時代の美食家も愛好したといわれているオレガノは、スープの味に深みを、肉や魚の蒸し焼きにはフレッシュな香りを加えます。トマトの酸味や、チーズの濃厚さをより美味しく感じさせます。ほかにも炒め物や、焼き料理などさまざまな隠し味になります。どんなハーブと一緒に使っても香りがケンカをせず、コクや豊かな香りを出します。
抗菌、防腐作用の成分も含まれているため、作りおき料理の香辛料にも。
オレガノの消化を助ける作用と強壮作用は、日々の体の調子を整えるハーブとして、おすすめです。

Gardening

初夏〜初秋に白から薄いピンクの花がかわいらしく茎の先端に咲きます。食器や花器に入れてテーブルの上の飾りつけにも使えます。園芸店で購入する時は観賞用の花オレガノ（オレガノ・ケントビューティーなど）と間違わないように。

Recipe

トマトソース(P.40)／マリネ液(P.44)／ブーケガルニ(P.46)／ローズマリーチキン(P.50)／タラの蒸し焼き(P.52)／ドライハーブミックス(P.54)／鶏ハム(P.68)／エビとマッシュルームのアヒージョ(P.72)

※「注意点：特に知られていない」は妊娠中、授乳期間中についても
　適切な使用において安全であることを示しています。（以下同様）

Sage
セージ

学名：Salvia officinalis
分類：シソ科アキギリ属の多年草
和名・別名：ヤクヨウサルビア
草丈：50～70㎝
原産地：地中海沿岸、北アフリカ
利用部位：葉
増やし方：種まき
収穫時期：春～秋
特性：抗菌力、収れん
注意点：妊娠中の多量摂取は控えましょう

花も香りも美しい

さわやかな香りとほろ苦さを併せ持ち、抗菌作用があることから、昔から肉料理などの香辛料として使われてきました。肉の脂っこさと臭みを消すため、豚肉や鶏もも肉、ラム肉などと相性がとても良いです。
学名の「Salvia」はラテン語の「salvere」＝「救う」「癒やす」に由来し、薬用としても幅広く使われ、中世以降はヨーロッパの多くの家庭でも育てられるようになりました。強い抗菌力と収れん作用があるため、口内炎やのどの痛みを和らげることで、ハーブティーやマウスウォッシュにも用いられます。

Gardening

セージは食用から観賞用まで種類がとても多いハーブです。花はいろいろな色があり、庭造りのアクセントとしても楽しめます。食用として購入する時は品種を確認しましょう。

Recipe

ブーケガルニ（P.46）／鶏ハム（P.68）

Thyme

タイム

学名：Thymus vulgaris
分類：シソ科イブキジャコウソウ属の常緑小低木
和名・別名：タチジャコウソウ
樹高：10〜40㎝
原産地：ヨーロッパ、北アフリカ、アジア
利用部位：葉
増やし方：挿し木／種まき
収穫時期：春〜秋
特性：防腐、抗菌
注意点：妊娠中の多量摂取は控えましょう

抗菌力の強いハーブ

抗菌力が強いことから、タイムの学名の語源は「勇気」を意味するギリシャ語のようで、男性のほめ言葉として「タイムの香りのする人」ともいわれたそうです。
また、ギリシャ、ローマ時代からさまざまな治療にも使われてきました。風邪の予防にハーブティーやうがい薬としてもおすすめです。料理では、ソーセージやピクルスなどの保存食に利用できます。
少しつんとするその香りは、肉や魚の臭みを消し、カレーなどスパイシーな料理をさらに美味しくしてくれます。

Gardening

タイムは5月ごろ薄いピンクの小さな花をたくさんつけます。そのまま一緒にハーブティーに。斑入りのきれいなシルバータイムや、グランドカバーに向いているクリーピングタイムも庭におすすめです。

Recipe

鶏レバーのパテ（P.34）／マッシュルームペースト（P.38）／ブーケガルニ（P.46）／ローズマリーチキン（P.50）／ドライハーブミックス（P.54）／ハーブソルト（P.60）／ラタトゥイユ（P.66）／鶏ハム（P.68）／エビとマッシュルームのアヒージョ（P.72）／チーズのオイル漬け（P.74）／みかんのハーブ煮（P.84）／体が温まるハーブティー（P.92）

Dill

ディル

学名：Anethum graveolens
分類：セリ科イノンド属の一年草
和名・別名：イノンド
草丈：60～100㎝
原産地：地中海沿岸、西アジア
利用部位：葉・種子
増やし方：種まき
収穫時期：春～夏
特性：消化機能活性化、神経をおだやかにする、口臭予防
注意点：特に知られていない

魚料理にぴったり

サーモンのマリネ、白身魚のカルパッチョ、魚の蒸し焼きなどにさわやかな香味を加えてくれる、魚料理に欠かせないハーブです。キュウリなど野菜のピクルスの香りづけにも良く使われます。鮮やかな緑色の葉を料理に散らすと、彩りもきれいです。
ママにやさしいハーブとして、母乳の分泌を促す作用があります。また、ディルの語源は「なだめる」という意味があり、種子の煎じ汁を夜泣きやしゃっくりをする赤ちゃんのために使われていました。

Gardening

新芽を摘んで使います。一年草のため、春に種を蒔いた場合は初夏～夏が収穫時期に。秋に種を蒔いた場合は翌年の春～夏に長く収穫できます。花も一緒にピクルスに漬けるのは、自宅で育てた人の特権です。

Recipe

マリネ液（P.44）／フレッシュハーブのサラダ（P.48）／タラの蒸し焼き（P.52）／ピクルス（P.76）

Chives

チャイブ

学名：Allium schoenoprasum
分類：ヒガンバナ科ネギ属の多年草
和名・別名：セイヨウアサツキ、エゾネギ、シブレット
草丈：20〜30㎝
原産地：ヨーロッパ、アメリカ
利用部位：葉・花
増やし方：種まき
収穫時期：春〜秋
特性：消化機能活性化、疲労回復
注意点：特に知られていない

おしゃれな細ネギ

香りは日本の長ネギに良く似ていますが、なんといってもこの細さが飾りとしても万能なハーブです。長いままで料理の上に乗せたり、4㎝程にカットしてブルスケッタや前菜に2本ずつ乗せたり、料理を結ぶように使うなど、用途はさまざまです。スープの薬味や、みじん切りにしてチーズに和えても。

Gardening

5月ごろに咲くピンクのまるい花がかわいらしいので、生けたり皿の上に飾ったり。食べられるのでサラダに散らしたりしても。細いけれど香りはしっかりあるので普段の和食の薬味にも利用できます。

Recipe

クリームチーズのディップ（P.30）／ハーブバター（P62）

Chervil

チャービル

学名：Anthriscus cerefolium
分類：セリ科シャク属の一年草
和名・別名：セルフィーユ
草丈：30～60cm
原産地：ヨーロッパ、西アジア
利用部位：葉・茎
増やし方：種まき
収穫時期：春～秋
特性：消化機能活性化、免疫力強化
注意点：特に知られていない

「美食家のパセリ」と呼ばれる

パセリをやさしくしたような味と香りがします。えぐみがほとんどないので、フレッシュのまま食べるのをおすすめします。油で炒めると香りも飛んで、存在感がなくなってしまうので、火を通す場合は形が崩れないような蒸し焼きがおすすめです。
フレッシュハーブをミックスした「フィーヌゼルブ」には、タラゴン、チャイブ、パセリと一緒に使います。
また、ビタミンB・C、鉄・マグネシウムなどのミネラルを含み、風邪の予防や消化不良時にもおすすめです。

Gardening

日向～半日陰で育ちます。初夏に白いとても小さな花を咲かせます。レースのような葉は料理やケーキの飾りに使い勝手が良いので、庭で育てておくと便利です。

Recipe

じゃがいものスプレッド(P.32) ／フレッシュハーブのサラダ(P.48)／タラの蒸し焼き(P.52)／ハーブマヨネーズ(P.56) ／ハーブバター(P.62)

Basil

バジル

学名：Ocimum basilicum
分類：シソ科メボウキ属の一年草
和名・別名：目箒（メボウキ）
草丈：50〜80cm
原産地：インド、熱帯アジア
利用部位：葉・茎
増やし方：種まき
収穫時期：初夏〜秋
特性：消化機能活性化
注意点：妊娠中の多量摂取は控えましょう

インドからヨーロッパに

タイ料理をはじめ、アジアの各地でさまざまな調理方法で使われています。また、ジェノベーゼソースやマルゲリータなどイタリア料理にも欠かせないハーブです。中でも良く使われるのはスイートバジルです。また、種を水でふやかすと種のまわりがゼリーのようになります。日本では目の汚れを取るのに使われていたことから、スイートバジルは「メボウキ」とも呼ばれてきました。

Gardening

代表的な夏のハーブですが、暖かくなると花が咲いてしまいます。花がついた茎は固くなり、美味しさを損ねるほか、そこで一生が終わってしまいます。花が咲く前につぼみを摘み取ることで、長く収穫を楽しめます。

Recipe

ジェノベーゼソース（P.36）／トマトソース（P.40）／ドライハーブミックス（P.54）

Mint

ミント

学名：Mentha spicata（スペアミント）
　　　Mentha pipirita（ペパーミント）
分類：シソ科ハッカ属の多年草
和名・別名：ミドリハッカ(スペアミント)、
　　　　　　セイヨウハッカ(ペパーミント)
草丈：30～100㎝
原産地：ヨーロッパ
利用部位：葉・茎
増やし方：種まき
収穫時期：春～秋
特性：リフレッシュ、消化機能活性化
注意点：特に知られていない

ハーブティーのブレンドに

ペパーミントは、さまざまなハーブティーのブレンドにしやすいハーブです。カモミールなど癖のあるハーブを美味しくしてくれます。
また、アップル、オレンジ、グレープフルーツ、バナナ、チョコレートなどたくさんの種類のミントがあるのでレシピに合わせて選ぶのも楽しいです。
ギリシャ神話に登場する妖精「ミンテ」が由来です。ミンテは美しさのあまり神ハデスに愛され、嫉妬をしたハデスの妻に小さな植物にされてしまいます。かわいそうに思ったハデスが小さなその葉に甘い香りをつけたそうです。

Gardening

繁殖力の強いハーブのため、地植えにすると広がりすぎて困ることがあります。プランター栽培がおすすめです。いろいろな種類の香りのミントがありますが、混植をしたり、違うプランターでも近くに植えると香りが混ざってしまうので、ご注意を。

Recipe

ミントシャーベット(P.86）／癒やしのハーブティー(P.90）／ハーブソーダ(P.94）／ハーブウォーター(P.96）／ラズベリーリーフのブレンドティー(P.100)／ハーブバス(P.104)／パウダールームのフラワーアレンジ(P.120)

Lemon grass

レモングラス

学名：Cymbopogon citratus
分類：イネ科オガルカヤ属の多年草
和名・別名：オイルグラス、レモンガヤ
草丈：100〜150㎝
原産地：東南アジア
利用部位：葉・茎
増やし方：種まき
収穫時期：春〜秋
特性：食欲増進、防虫
注意点：特に知られていない

暮らしに香りをプラス

レモンバームとレモンバーベナをブレンドしたハーブティーは、すっきりとしたレモンの香りとリラックスさせる成分が含まれています。また、濃いめのハーブティーを部屋のアロマとして使ったり、タオルを浸けて絞ればお客様用のおしぼりに。また、柚子との相性も良く、日本人には落ち着く香りの組み合わせに。リフレッシュしたい時におすすめです。

Gardening

背が高くなり、葉が伸びると途中で折れたような姿になります。地植えの場合はじゃまにならない場所に植えましょう。多年草ですが、日本では冬越しが難しいです。秋に入って葉がきれいなうちにある程度刈り取り、干して保存すると良いでしょう。

Recipe

ハーブウォーター(P.96)／ハーブタオル (P.106)

Lemon balm

レモンバーム

学名：Melissa officinalis
分類：シソ科セイヨウヤマハッカ属の多年草
和名・別名：セイヨウヤマハッカ、メリッサ
草丈：30～70㎝
原産地：ヨーロッパ、中央アジア
利用部位：葉
増やし方：種まき
収穫時期：春～秋
特性：リラックス、抗菌
注意点：特に知られていない

とにかくリラックスしたい時に

レモンバームは、ペパーミントとブレンドしたハーブティーにするのがおすすめ。数千年にわたってストレスや不安を和らげる穏やかなハーブとして使われてきました。細かく刻んではちみつと混ぜたり、お菓子の香りづけに使ったり、白ワインに浮かべるのもおすすめです。
ただしレモンバームは乾燥させると、香りが変化してしまうことなど、保存しづらいハーブです。春～秋の長い期間収穫でき、また大変育てやすいので、できるだけフレッシュのものを使いましょう。育ちすぎたら、たくさん収穫してハーブバスに使いましょう。

Gardening

摘む時に、やさしいレモンの香りがあたりに漂うと嬉しくなってしまいます。日向～半日陰で育ちますが、日差しがあまりに強い場所では、葉焼けをして葉が茶色になってしまいます。葉がきれいな緑色を保てる、極力明るい場所を選んでください。

Recipe

癒やしのハーブティー(P.90)／ハーブウォーター(P.96)／花のハーブワイン(P.98)／肌にやさしいハーブバス(P.106)／ダイニングのフラワーアレンジ(P.114)

Lemon myrtle

レモンマートル

学名：Backhousia citriodora
分類：フトモモ科バクホウシア属の
　　　常緑高木
樹高：20m（オーストラリア）
原産地：オーストラリア
利用部位：葉
増やし方：挿し木
収穫時期：通年
特性：リラックス
注意点：特に知られていない

レモン以上にレモンの香り

オーストラリアの先住民「アボリジニ」が薬草と料理に使っていたといわれています。レモンに甘さが加えられたような香りがします。レモンにも含まれる香りの成分シトラールを非常に多く含むため、ハーブティーアロマを手軽に楽しめる葉としておすすめです。レモンマートルを鍋で火にかけると、キッチン中がレモンの香りでいっぱいになります。
酸味が少ないため、グラインダーで粉状にしてチーズケーキなどの焼き菓子に入れたり、ハーブティーをシャーベットにするのも良いです。

Gardening

日本では、観葉植物として扱います。冬は室内に入れて管理しましょう。5月頃になったら外に出し、大きくする場合は、ひとまわり大きなプランターに植え替えましょう。プランターで育てる場合は、それほど大きくなりません。70㎝～２ｍの間で育てると良いでしょう。

Recipe

レモンマートルティー（P.101）／ハーブティーアロマ（P.108）

Rosemary

ローズマリー

学名：Rosmarinus officinalis
分類：シソ科マンネンロウ属の常緑低木
和名・別名：マンネンロウ
樹高：50〜120cm
原産地：地中海沿岸
利用部位：葉
増やし方：種まき／挿し木
収穫時期：通年
特性：抗酸化、血行促進、消化機能活性化
注意点：特に知られていない

海のしずく

地中海沿岸に咲く水色の花がしずくのように見えたことから、「海のしずく」の意味を持つラテン語の「rosmarinus」が語源に。料理で最も使いやすいハーブの１つです。肉、魚なんでも合い、重宝します。
日本でも多くの品種が販売されています。品種によって味も香りも異なるため、苗で購入する際は葉を見るのがポイント。葉が厚めの品種は香りがとても強いため、たとえばバーベキューの肉の香りづけを皿に添えるだけでできます。ただし、苦みやえぐみが強いためスープなど煮物や、炒め物には向きません。１種類だけ購入する場合は、葉が細めのものを選ぶといろいろな料理に使えます。

Gardening

必ず日向で育てましょう。根元が密集する前に、向こう側が透けて見えるぐらいまで収穫（剪定）をすることが大切です。葉が群れると病害虫の原因になりやすいので特に梅雨入り前は思い切って摘み取りましょう。

Recipe

じゃがいものスプレッド(P.32) ／鶏レバーのパテ(P.34) ／トマトソース(P.40) ／フィリング(P.42) ／マリネ液(P.44) ／ブーケガルニ(P.46)／ローズマリーチキン(P.50)／ドライハーブミックス(P.54) ／ハーブオイル(P.58) ／鶏ハム(P.68) ／牡蠣のコンフィ(P.70) ／ハーブスコーン(P.88) ／体が温まるハーブティー(P.92) ／ハーブバス(P.104) ／飾るキッチンハーブ(P.110) ／ナプキンホルダー(P.116) ／パウダールームのフラワーアレンジ(P.120)

Laurel

ローリエ

学名：Laurus nobilis
分類：クスノキ科ゲッケイジュ属の
　　常緑高木
和名・別名：ゲッケイジュ、ベイ
樹高：２～12m
原産地：地中海沿岸
利用部位：葉
増やし方：挿し木
収穫時期：通年
特性：抗菌、消化機能活性化、防腐
注意点：特に知られていない

煮込み料理の出汁ハーブ

カレー、シチュー、ミネストローネ、ポトフに葉を１枚お鍋に入れて一緒に煮込むだけで、味にコクと深みが出ます。煮込み料理を保存する場合、苦みを出さないためにローリエの葉は取り除きましょう。
また防腐作用もあるので、ピクルスなどの作りおき料理にも活用できます。熱を加えないものであれば、一緒に漬けて保存しましょう。米びつなどに入れても良いです。ドライにした葉を漬け込んでハーブオイルやハーブビネガーにするのもおすすめです。

Gardening

日向で育てましょう。春と秋に重なり合った枝を切り落として風通しを良くしましょう。フレッシュの葉も独特の風味を持ち美味しいですが、切った枝の葉は陰干しをして保存すると香りも増し、便利に使えます。若葉ではなく、濃い緑色になった葉を収穫して使いましょう。

Recipe

鶏レバーのパテ（P.34）／ブーケガルニ（P.46）／牡蠣のコンフィ（P.70）／ピクルス（P.76）

ドライフラワーハーブ

ハーブの花が収穫できる時期は、
１年の中でも多くの種類が春～初夏になります。
彩りや花の甘い香りをプラスすると気持ちが明るく前向きになります。
収穫できない時期にはドライハーブを使いましょう。

German chamomile

カモミール

学名：Matricaria chamomilla
分類：キク科カミツレ属の一年草
和名・別名：カミツレ、カミルレ、カモマイル
原産地：ヨーロッパ
特性：消炎、鎮静、胃の疲れ、肌荒れ、
生理痛
注意点：特に知られていない

＊「ピーターラビット」の童話でもピーターにお母さんが飲ませるシーンが登場します。赤ちゃんから安心して使えるハーブです。

Lavender

ラベンダー

学名：Lavandula angustifolia
分類：シソ科ラバンデュラ属の常緑小低木
原産地：地中海沿岸
特性：神経を穏やかにする、抗菌、眠りが浅い時、
気持ちが疲れている時
注意点：特に知られていない

＊抗菌作用があるため、ハーブティーは風邪の予防に。昔ヨーロッパではラベンダーをたくさんおき、感染症の治療にあたったそうです。

Recipe
花のハーブワイン(P.98)／カモミールミルク(P.101)／ハーブバス(P.104)／サシェ(P.107＆109)／ラベンダーのお掃除スプレー(P.112)

Rose

ローズ

学名：Rosa gallica
分類：バラ科バラ属の落葉低木
和名・別名：バラ
原産地：ヨーロッパ、西アジア
特性：鎮静、収れん、女性の悲嘆や不安
注意点：特に知られていない

＊収れん作用があるため、ハーブティーは喉や口の中の炎症の時や、下痢などの消化器系が不調の時にも。

Heath

ヒース

学名：Erica vulgaris
分類：ツツジ科エリカ属の常緑小低木
和名・別名：エリカ、ギョリュウモドキ、ヘザー
原産地：地中海沿岸
特性：鎮静、美白、利尿、抗菌、
　　　シミ、ソバカス、ニキビのケア
注意点：特に知られていない

＊成分であるアルブチンはメラニン色素の合成に関わるチロシナーゼという酵素の活性を抑えるはたらきがあるため、ハーブバスで美白に。

Calendula

カレンデュラ

学名：Calendula officinalis
分類：キク科カレンデュラ属の一年草
和名・別名：ポットマリーゴールド、
　　　　　　トウキンセンカ
原産地：南ヨーロッパ
特性：皮膚・粘膜の修復、抗菌、肌荒れ
注意点：特に知られていない

＊古くから、胃潰瘍や喉の炎症、火傷に使われてきました。ハーブティー、ハーブバスで、予防から治癒力を助けるハーブとして。

CHAPTER 1

for cooking

ハーブを料理に活用しましょう

日常にハーブを取り入れることで、
体も心も元気になる美味しい料理のヒントを揃えました。
ハーブの香りは、美味しさだけでなく
疲れて食欲が出ない時に元気も与えてくれます。
手間をかけなくても、ハーブを加えることで
かんたんに美味しい料理ができる方法ばかりです。
毎日の家族の笑顔の元になりますように。

ハーブ料理の基本

ハーブには、大きく分けてフレッシュハーブとドライハーブがあります。フレッシュハーブはドライハーブに比べてまろやかな香りを持ちます。ドライハーブは少量でも香りが強いため、入れすぎに注意しましょう。

ハーブの入手方法

スーパーなどで育ったハーブを購入する方法と、庭やベランダで育てたハーブを使う方法があります。それぞれの特徴に合わせて使い分けましょう。

◆購入する場合

冬にハーブが収穫できない間も、スーパーなどではいつでもフレッシュハーブを購入することができます。

ホールのものや、粉砕されたものなど、用途によって使い分けができるので便利です。

◆育てる場合

摘みたてのハーブを使うのが、一番香りが良いです。種や苗は、品種名(学名)を確認して購入しましょう。

冬の間は収穫できるものが少なくなります。ドライハーブにして保存をし、使いましょう。→干し方はP.28を参考に。

その1　ハーブの使い方

ハーブを生で食べる方法から、出汁を取る方法まで調理の仕方はいろいろです。
それぞれのハーブの特徴を捉えると、アレンジもかんたんになり、料理が楽しくなります。

◆生のまま食べる

ハーブをサラダのように食べる方法や、みじん切りにして料理にかけたりディップなどに和えて使います。

◆焼く

フライパンやバーベキューなど、熱によって食材に香りを移します。蓋をすることで香りを封じ込めます。肉料理におすすめの方法です。

◆炒める

香りを移すだけの時はハーブはホールのまま入れ、炒めた後に取り出します。ハーブも食べる場合はみじん切りのものを使います。

◆オイル煮

火にかける前のオイルにハーブを入れ、にんにくなどと一緒に熱しながらオイルに香りを移します。

◆煮る

ハーブを鍋に入れてスープの出汁を取る方法です。一般的にブーケガルニと呼ばれる数種類のハーブをまとめたものを入れます。

◆ソースにする

ハーブ、オリーブオイル、木の実などを一緒にフードプロセッサーにかけます。パスタに和えたり、ドレッシングなどにします。

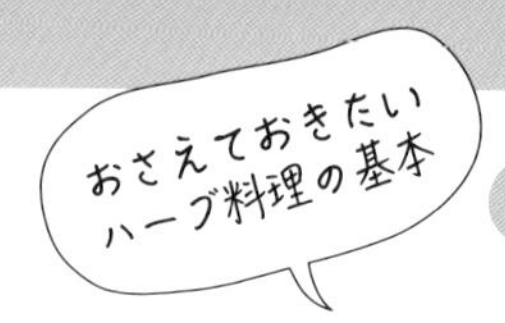

その2 ハーブの干し方

ほとんどのハーブは春〜秋にかけて収穫をします。夏の前後にしか収穫できないものや、ハーブの花のように春〜初夏の短い期間しか収穫できないものもあります。

ハーブは干して保存をしておくことで、一年を通して使うことができます。品種にもよりますが、きちんと保存をすれば一年程香りを保つことができます。

◆吊して干す

左からオレガノ、タイム、ローズマリー、イタリアンパセリを干しています。小さい葉のハーブは枝または茎ごと収穫し、水洗いをして水分を拭き取ります。吊して風通しの良いところで陰干しをしましょう。

適当な長さに揃えたハーブを10本程麻紐などで束ねてから吊しましょう。

イタリアンパセリのように茎が細いものは、束ねた茎に薄紙を巻いてから紐で留めると折れずに干すことができます。

◆平置きして干す

ローリエのように大きな葉は、きれいな葉だけを収穫し、水洗いして水分を拭き取り、風通しの良いところに平置きで陰干しをします。ローリエは枝ごと収穫し、吊して干した後に葉を選んで保存しても良いです。

その3 ドライハーブの保存の仕方

ドライハーブは保存をきちんとすることで、香りを長期間保つことができます。毎日使うものは、手軽に使いやすい容器や場所に保存することも大切です。

◆長期保存する時の注意点

① 瓶は煮沸消毒をします。
② 酸化を防ぐためにできるだけ、葉はカットせずにホールのまま保存します。
③ 冷暗所に保存します。光の入らない場所に保存しましょう。もしあれば、遮光瓶に乾燥剤を入れて保存するとなお良いです。

◆短期保存する時の注意点

① 瓶は煮沸消毒をします。
② 使いやすい大きさにカットして保存します。
③ キッチンにおいた時に料理が楽しくなるような、おしゃれな容器に入れましょう。もしあれば、密閉容器に保存するとなお良いです。

ドライハーブミックスの作り方
→詳しくはP.55

ローズマリーの葉のはずし方
→詳しくはP.55

ラベンダーの花穂のはずし方
→詳しくはP.113

Topics 1

とりあえずの一品になる クリームチーズのディップ

さっと混ぜるだけのハーブとにんにくが香り立つ
クリームチーズディップは、魚や肉との相性も抜群です。

クリームチーズのディップ

材料

- チャイブ……………………5本
- イタリアンパセリ…………2本
- クリームチーズ……………100g
- にんにく……………………1/2片
- 牛乳…………………………少々
- 塩……………………ひとつまみ

※代用ハーブ例
チャイブ、イタリアンパセリ、チャービル、タイムの中から1～3種類

作り方

1. クリームチーズにすりおろしたにんにくと刻んだ（Point1＆2）ハーブを入れて混ぜ合わせます。
2. 牛乳を少しずつ加えてクリームチーズをのばし、ちょうど良いかたさにします。
3. 塩を加えて味をととのえます。

Point1
チャイブはみじん切りにします。先端のきれいなものは飾りつけ用に取っておきましょう。

Point2
イタリアンパセリの葉は粗みじんにしましょう。柔らかい茎はみじん切りにして一緒に混ぜてもＯＫ。

いろいろな楽しみ方

＊アボカドなど野菜につけて
＊生ハムで巻いてワインと
＊ミネストローネにちょっと浮かべて
＊焼いたチキンにつけて
＊焼きたてのステーキに乗せて
＊ボイルしたエビにつけて

パーティーの前菜やワインのおともにクラッカーに乗せました。イタリアンパセリの上にクリームチーズを巻いたスモークサーモン、柿の上にクリームチーズと飾りのチャイブを乗せたりと、トッピングをお楽しみください。

Topics 2

主菜にも副菜にもなる
じゃがいものスプレッド

さわやかなチャービルの香りと
クルミのコクと食感がクセになります。

じゃがいものスプレッド

材料

- ローズマリー……………………1枝
- チャービル…………………1〜2本
- じゃがいも…………………中2個
- クルミ…………………………4個
- バター…………………………5g
- 塩…………………………小さじ¼

※代用ハーブ例
ローズマリー ➡ タイム
チャービル ➡ イタリアンパセリ

作り方

1. じゃがいもをローズマリー、塩を加えて茹でます。
2. つぶしたじゃがいもに、1cm幅に刻んだチャービルの葉とみじん切りにした茎、細かく砕いたクルミ、バターを入れて混ぜ合わせます。
3. 茹で汁でかたさを調節しながら、塩（分量外）を加えて味をととのえます。

Point1
ローズマリーは枝ごと入れて茹で、茹で終わったら取り除きます。

Point2
じゃがいもはきれいにつぶしすぎないほうが美味しい食感になります。

いろいろな楽しみ方

*サンドイッチの具材に
*半熟のゆで卵と和えて
*コロッケの具材に
*肉料理のつけ合わせに
*焼いたベーコンで巻いて

朝食にはレーズンパンにスプレッドをたっぷり乗せて、コーヒーと一緒に召し上がってください。トマトやソーセージをトッピングするのもおすすめ。

Topics 3

パンに赤ワインに合う
鶏レバーのパテ

レバーが苦手な人でも食べやすいレバーパテ。
ハーブの香りを加えて大人のディナータイムにも！

鶏レバーのパテ

材料

- ローズマリー………………1枝
- タイム…………………………1枝
- ローリエ………………………1枚

鶏レバー……………………150g
たまねぎ………………………中½個
バター……………………………15g
生クリーム……………………大さじ3
塩…………………………………小さじ½

※代用ハーブ例
セージ、イタリアンパセリ、オレガノ

作り方

1. たまねぎを薄切りにし、レバーを3cmほどにカットします。
2. フライパンにバターを溶かし、1とローズマリー、タイム、ローリエ、塩を入れ、たまねぎとレバーにしっかり火が通るまで炒めます。
3. 2に生クリームを入れて一煮立ちさせ、ハーブを取り除きます。
4. 3をフードプロセッサーにかけます。

Point1
ハーブは後で取り除くので、枝ごと入れましょう。

Point2
なめらかなペースト状になるまでしっかりフードプロセッサーにかけましょう。

ワンポイントアドバイス
- 栄養価が高く小さな子どもにもおすすめの一品です。子どもに作る場合は、生クリームを牛乳に代え、ハーブと塩を控えめにしましょう。

いろいろな楽しみ方

＊ドライいちじくと一緒にクラッカーに乗せて ▷▷▷
＊バゲットに塗ってワインのおともに
＊サラダに添えて

クラッカーにレバーパテを塗り、ドライいちじくとチャービルを乗せました。

Topics 4

苦手な野菜も美味しく摂れる ジェノベーゼソース

ほうれん草を半分入れたマイルドで栄養豊富な
子どもが大好きなジェノベーゼソースです。

ジェノベーゼソース

材料

バジル……ほうれん草とほぼ同量
ほうれん草……………………½束
松の実…………………大さじ2
にんにく…………………1片
オリーブオイル……………50ml
塩……………………小さじ¼

※火を通さずにソースを使う場合は、サラダ用のほうれん草を使うとやさしい味になります。

作り方

1 全ての材料をフードプロセッサーにかけます。

ワンポイントアドバイス

- パスタソースにする場合は、フライパンにソースを移して、パルメザンチーズ25ｇ（1人分）を加えてからパスタと絡め、最後に仕上げ用のオリーブオイルを少々振ります。
- ほうれん草のほかにも少量のピーマンやブロッコリーなど、緑の野菜を混ぜてもＯＫ。野菜嫌いの子どもにもおすすめです。

Point1

ほうれん草とバジルは、適当な大きさに切ってから入れましょう。

Point2

きれいな緑色のペースト状になったら完成です。

いろいろな楽しみ方

＊パスタソースに
＊チキンやポークのホットサンドイッチに
＊焼いたサーモンにかけて
＊ピザソースに
＊野菜スープに調味料として

ブルスケッタのソースに。オリーブオイルでさっと焼いた帆立の貝柱に塩、ブラックペッパーを軽く振ります。トマトは小さく刻んでおきます。軽くトーストしたバゲットに帆立の貝柱、トマト、飾りにチャービルやイタリアンパセリを乗せ、バジルソースをトッピングしました。

Topics 5

肉や野菜に添える マッシュルームペースト

タイムが香る、とろっとした飴色たまねぎときのこの歯ごたえが美味しいペースト！

マッシュルームペースト

材料

- タイム……………………2枝
- マッシュルーム……………6個
- たまねぎ………………中½個
- 塩…………………小さじ½
- ブラックペッパー…………少々
- オリーブオイル…………大さじ2

※代用ハーブ例
ローズマリー、イタリアンパセリ、オレガノ、セージなど

作り方

1. マッシュルームとたまねぎを5㎜角の粗みじんにします。
2. 1の半量をさらにフードプロセッサーでペースト状にします。
3. フライパンにオリーブオイルを熱し1と2、タイムを加え、たまねぎが飴色になるまで炒め、塩、ブラックペッパーで味をととのえます。

Point1
粗みじんにしたマッシュルームとたまねぎを半量ずつに分けます。

Point2
半量はしっかりペースト状になるまでフードプロセッサーにかけます。

いろいろな楽しみ方

＊ほくほくのじゃがいもに乗せて ▷▷▷
＊サンドイッチのパンに塗って
＊パスタに絡めて
＊ハンバーグソースに和えて
＊ステーキに添えて
＊ローズマリーチキンのディップとして⇨P.50

茹でただけの皮つきのじゃがいもにきのこのペーストをたっぷり乗せて、イタリアンパセリを添えました。ほかにアスパラガス、ブロッコリーなどの温野菜に乗せても美味しいです。

Topics 6

ピザにパスタに大活躍のトマトソース

何時間も煮込まなくてもできる時短レシピで
ハーブが香る本格的な風味に！

トマトソース

材料

- バジル……………1本(葉4枚)
- オレガノ…………………1本
- ローズマリー……………1枚
- トマト………………中4個
- たまねぎ……………大½個
- オリーブオイル…………50ml
- パプリカパウダー………大さじ1
- 塩…………………小さじ1

※代用ハーブ例
ローズマリー ➡ タイム

作り方

1. トマトとたまねぎをざく切りにして、バジル、オレガノと一緒にフードプロセッサーにかけます。
2. フライパンにオリーブオイルを熱し、1とローズマリーを入れ10分程炒めます。
3. パプリカパウダーを加えながらさらに10分炒め、塩で味をととのえます。

Point1
バジルは茎ごと、オレガノは茎から外し葉のみを入れましょう。

Point2
炒める時に、ローズマリーは枝ごと入れて、炒め終わったら取り出します。

いろいろな楽しみ方

＊タコスディップに ▷▷▷
＊パンに塗ってピザトーストに
＊パスタに絡めて
＊ハンバーグにかけて
＊グラタンのソースに
＊ラタトゥイユを作る時に
⇨P.66

人がたくさん集まる時に、先出しとしてタコスチップと一緒に手作りのトマトソースはいかがでしょうか。冷蔵庫で一週間ほど保存ができるので、一人で晩酌をする時に少しだけ出して使っても良いですね。

Topics 7

パイやサンドイッチの具材になるフィリング

フィリングに長ネギやアンチョビをトッピングして
ローズマリーの香りがたまらないパイに！

フィリング

材料

- ローズマリー……………………1枝
- 長ネギ……………………………1本
- マッシュルーム…………………6個
- じゃがいも…………………中1個
- 生クリーム………………………50ml
- バター……………………………10g
- 塩……………………………小さじ½
- ブラックペッパー………………少々

作り方

1. フライパンにバターを溶かし、長ネギを焦げ目がつくまで焼きます。
2. 1にマッシュルーム、じゃがいも、ローズマリー、塩、ブラックペッパーを加え炒め、火が通ったら生クリームを加え一煮立ちさせます。

冷凍パイシートと花型シリコン容器で簡単パイ作り

常温で戻したパイシートにフォークで空気穴を空け、花型✿（←こんな感じです）のシリコン容器に入れ、200°Cのオーブンで20分空焼きをします。フィリングを詰めて焼いた長ネギ、アンチョビ、ローズマリーを乗せオーブンでさらに10分焼き完成です。

Point1

長ネギに焦げ目がつくまで焼くことでバターに長ネギの香りが移ります。

Point2

じゃがいもに火が通ったら生クリームを入れ、塩とブラックペッパーで味をととのえます。

いろいろな楽しみ方

*サンドイッチに挟んで ▷▷▷
*ガレットの具材に
*牛乳を少し足してポットパイに詰めて
*春巻きの皮で包んで揚げておつまみに

輪切りにした長ネギとイタリアンパセリをフィリングと一緒にレーズンパンに挟んで朝食に！

Topics 8

和えものにも漬けおきにも便利なマリネ液

魚介に良く合うディルの香りと
レモンのさっぱりとしたやさしい酸味が口の中に広がります。

マリネ液

材料

- ローズマリー……………………1枝
- オレガノ…………………………2本
- ディル……………………1～2本
- オリーブオイル…………………100ml
- レモン……………………………¼個
- 塩…………………………ひとつまみ
- ブラックペッパー…………………少々

※代用ハーブ例
ローズマリー ➡ タイム
オレガノ、ディル ➡
チャービル or イタリアンパセリ

作り方

1. オリーブオイルにレモンを絞ります。
2. オレガノの葉は粗みじんに、ディルの葉は１cm幅に切ります。
3. ①と②を合わせ、塩、ブラックペッパーを振り、ローズマリーを入れて香りを移します。

Point1
レモンの量はお好みで足してください。

Point2
ハーブを粗めに切ることで、食感のアクセントになります。

いろいろな楽しみ方

*サラダのドレッシングに
*白身魚のカルパッチョに
*生のサーモンにかけて
*温野菜につけて

生食用の蒸しダコをぶつ切りにして、マリネ液を和えるだけ。あっという間に一品完成です。盛りつけにはチャービルを飾りました。

Topics 9

本物の味を引き出す フレッシュハーブのブーケガルニ

スープに美味しさの秘密を入れてみませんか？
天然の恵みだけで作るスープはひと味違います。

フレッシュハーブのブーケガルニ

材料

- ローズマリー・・・・・・・・・・・・・・・・・1枝
- タイム・・・・・・・・・・・・・・・・・・・・・1枝
- オレガノ・・・・・・・・・・・・・・・・・・・・1本
- イタリアンパセリ・・・・・・・・・・・・・・2本
- ローリエ・・・・・・・・・・・・・・・・・・・・1枚
- セージ・・・・・・・・・・・・・・・・・・・・・1枚
- たこ糸・・・・・・・・・・・・・・・・・・・・・15cm

※全てのハーブが揃わない場合は、上記の中から3～5種類

作り方

1 ハーブを料理用のたこ糸でまとめます。

ワンポイントアドバイス

- たこ糸で束ねたブーケガルニは見た目もおしゃれ。束ねずお茶パックに入れるとハーブを取り除く時もかんたんです。
- ハーブの葉ごと食べる場合は、オレガノ、イタリアンパセリの葉はみじん切りに、タイムの葉は枝から外して煮込みます。より香りを楽しむことができます。

Point1

洗って水気を切ったハーブをきれいに揃えます。

Point2

煮込んでいる途中でばらばらにならないように、たこ糸でしっかり縛りましょう。ローリエの葉で束ねるようにすると結びやすいです。

いろいろな楽しみ方

＊ポトフを煮込む時

＊ミネストローネを煮込む時

＊オニオングラタンスープのスープ作りに

＊市販のルーで作るカレーに

＊ハヤシライスに

鶏肉、ソーセージ、たまねぎ、にんじん、じゃがいも、ブーケガルニ、オリーブオイル（4人分に大さじ3杯程）、塩、こしょうを一緒に煮込みます。コンソメの素は使わなくても美味しいスープができます。お好みでバジルのみじん切りをあしらっても。

Topics 10

贅沢に作る フレッシュハーブのグリーンサラダ

フレッシュハーブをそのままいただいてみましょう。
ハーブが大好きな方は香りをご堪能ください。

フレッシュハーブのグリーンサラダ

材料（2～3人分）

- イタリアンパセリ…………20本
- ディル………………………10本
- チャービル…………………20本
- ベビーリーフ…………1パック
- オリーブの実………………4個
- ドライイチジク…………2～3個
- オリーブオイル……大さじ1～2
- 塩…………………ひとつまみ
- ブラックペッパー…………少々

※代用ハーブ例
ディル ➡ コリアンダー or バジル
イタリアンパセリ、チャービルのどちらかだけでもＯＫ

作り方

1. イタリアンパセリ、ディル、チャービルを手でちぎりボウルに入れます。
2. ①のボウルにオリーブオイル、塩、ブラックペッパーを入れて和えます。
3. お皿にベビーリーフを敷き、その上に②を乗せます。オリーブの実、ドライいちじくをトッピングします。

Point1
ハーブは5㎝程の長さにちぎります。

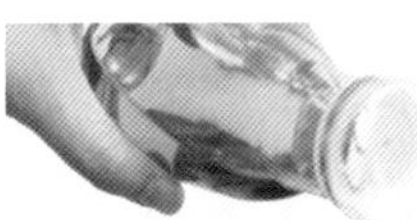

Point2
オリーブオイルは食べる直前に和えると歯ごたえが良いです。お好みでレモン汁を加えても。

いろいろな楽しみ方

＊肉と一緒に
サンドイッチの具材に
＊カルパッチョに散らして
＊えびと一緒に
生春巻きに巻いて

フィーヌゼルブ
fines herbes

イタリアンパセリ、チャービル、チャイブ、タラゴンなどのフレッシュハーブをみじん切りにして混ぜたものをフィーヌゼルブと呼びます。肉、魚介のグリルソースや、スープに散らしても美味しいです。

Topics 11

漬けて焼くだけのローズマリーチキン

肉をハーブとオリーブオイルに漬けて寝かせて焼くだけ！
マッシュルームペーストと洋なしのハーブ煮は
チキンと一緒にめしあがれ。

ローズマリーチキン

材料

- ローズマリー……………………1枝
- タイム……………………………1枝
- オレガノ…………………………1本
- 鶏手羽元…………………………7本
- にんにく（スライス）………1片分
- オリーブオイル……大さじ2～3
- ハーブソルト（P.60）or塩 ‥小さじ1
- ブラックペッパー……………少々

作り方

1. 鶏肉全体に塩、ブラックペッパーを擦り込み、ローズマリー、タイム、オレガノ、にんにく、オリーブオイルをまぶして半日程寝かせます（時間がない場合はすぐに焼いてもＯＫ）。
2. フライパンに1を入れて皮がかりっとするまで焼きます。
3. つけ合わせの野菜を2に入れ軽く塩（分量外）を振り、蓋をして表裏を返しながら肉に火が通るまで約10分焼きます。

Point1
ハーブとオリーブオイルも一緒に揉み込んで、ラップをかけて冷蔵庫で寝かせます。

Point2
香りづけに使用したハーブも一緒にフライパンに入れて焼きます。

いろいろな楽しみ方

＊ハーブフライドチキンに ▷▷▷
＊鶏のもも肉、手羽先でも
＊ラムチョップでも
＊豚や牛のスペアリブでも
＊バーベキューの下味に

作り方1、2の工程の後に、余分な油を軽く拭き取り小麦粉と片栗粉を１対１の割合でまぶします。油に一緒に漬けたハーブとにんにくを入れ熱します。その油で鶏肉を揚げればハーブフライドチキンの出来上がり！ハーブとにんにくは焦げる前に取り除きましょう。

Topics 12

漬けて蒸し焼き あっという間の魚料理

「魚のハーブ」の代表とされるディルを使った魚料理。
長いままのほうれん草をつけ合わせれば、おしゃれな一皿に！

タラの蒸し焼き

材料

- ディル……………………3本
- チャービル………………1本
- オレガノ…………………1本
- 生たら……………………2切れ
- にんにく(スライス)………1片分
- レモン(輪切り)……………1枚
- オリーブの実……………2粒
- 塩………………………小さじ½
- ブラックペッパー…………少々
- 水………………………100ml
- ほうれん草………………適量

作り方

1. たらの両面に塩、ブラックペッパーを振りかけ、ディル、チャービル、オレガノ、にんにく、レモン、オリーブの実をまぶし、30分程冷蔵庫で寝かせます（寝かす時間がない場合はすぐに火にかけても美味しいです）。
2. フライパンに1を全てと、根元を切ったほうれん草も一緒に入れ、水を足し蓋をして蒸し焼きにします。魚に火が通ったら出来上がりです（5〜10分）。

Point1

オレガノは茎から葉を外し、ディルとチャービルは小さく切って散らします。

Point2

オリーブの実が漬かっている瓶詰めの汁を少し入れると、味がしまります。

こんな食材でも！

＊タコ料理に ▷▷▷

＊ホタテの貝柱でも

＊脂身のあるサーモンとブロッコリー

＊真鯛とアスパラガス

生タコを一口大に切り、ハーブ、にんにく、オリーブの実、塩と和えます。フライパンに水を50ml入れてさっと1分火を通して出来上がりです。

Topics 13

いつでも手軽に香りを楽しめる ドライハーブミックス

好きなハーブを自由にミックスしてオリジナルブレンドも。
自分で干したハーブに買ってきたものを混ぜてもＯＫ！

ドライハーブミックス

材料(全て乾燥したもの)

- イタリアンパセリ…………10本
- ローズマリー……………1枝
- オレガノ……………………3本
- バジルの葉………………10枚
- タイム………………………10枝

作り方

1. ローズマリー、オレガノ、タイム、イタリアンパセリは葉だけを取り外します。オレガノ、イタリアンパセリはみじん切りにしましょう。
2. バジルの葉はみじん切りにします。
3. 1と2を混ぜます。

Point1

ローズマリーの葉は、親指と人差し指で枝の下から挟むようにしてなぞって取り外します。

Point2

①イタリアンパセリ②バジル③オレガノ④ローズマリー⑤タイム。
※火を通さずに使う場合はローズマリーもみじん切りにしましょう。

いろいろなドライハーブミックス

- にんにく(ドライ)×ローズマリー×タイム
- ディル×セージ×レモンの皮(ドライ)
- ローストアーモンド×バジル×チャイブ

いろいろな楽しみ方

＊牡蠣フライにかけて ▷▷▷
＊肉、魚料理の下味に
＊バターライスを炒める時に
＊煮込み料理の香りづけに
＊スープにかけて

牡蠣など魚介のフライにドライハーブミックスが良く合います。

Topics 14

温野菜もゆで卵もごちそうになるハーブマヨネーズ

ハーブを刻んでマヨネーズに混ぜるだけで、
後を引くごちそうソースに大変身！

ハーブマヨネーズ

材料

- イタリアンパセリ…………2本
- チャービル………………2本
- にんにく…………………½片
- マヨネーズ………………100㎖

※代用ハーブ例
- タイム×バジル
- ディル×チャービル
- セージ×チャービル

作り方

1. イタリアンパセリとチャービルは茎ごとみじん切りにし、にんにくはすりおろします。
2. マヨネーズと1を和えます。

Point1
生のにんにくは辛みが強いので量は好みで調節してください。

Point2
パセリは粗みじん切りにしても美味しいです。

ワンポイントアドバイス

- 手作りマヨネーズの場合は冷蔵庫に保存して1～2日、市販のマヨネーズを使う場合は1週間以内に食べきりましょう。

いろいろな楽しみ方

＊シーザードレッシングに ▷▷▷

＊カレー粉を加えて
ブロッコリーなどの温野菜と
和えてサラダに

＊マスタードを加えて
食材に乗せてサーモンや
椎茸のオーブン焼きに

＊ナッツを加えて魚介と炒めて

ハーブマヨネーズにたまねぎのみじん切りを混ぜてシーザードレッシングに。セロリやゆで卵との相性はバツグンです。

Topics 15

美味しいドレッシングもすぐできる ハーブオイル

オリーブオイルにローズマリーの香りづけ。
そのままパンや野菜につけても、料理に使っても。

ハーブオイル

材料

- ローズマリー
  （ドライ、フレッシュどちらでも可）
  ……………………………１枝
- 鷹の爪……………………１個
- にんにく…………………１片
- オリーブオイル……………100㎖

作り方

1 オリーブオイルにローズマリー、鷹の爪、にんにくを入れて漬けます。１～２週間おくと完成です。

＊ フレッシュハーブを使用する場合はよく洗ってしっかり水気を拭き取りましょう。水分が残っているとオイルが傷みやすくなります。

いろいろなハーブオイル

- ローズマリー×タイム
- ローズマリー×ローリエ×ブラックペッパー
- ディル×ピンクペッパー
- タイム×レモンの皮

Point1
保存瓶は熱湯消毒してから使いましょう。

Point2
食卓でそのまま使える容器がおすすめです。

いろいろな楽しみ方

＊パンにつけて ▷▷▷
＊パンに塗って
　オーブントースターで焼いて
＊レモン汁と一緒にサラダにかけて
＊アヒージョに（P.72）
＊クリームチーズを漬けて（P.74）
＊料理の下味に

ハーブオイルに粗塩とブラックペッパーを振って、パンにつけて食べましょう。

Topics 16

万能調味料に！
粗塩で作るハーブソルト

肉や魚の下味からスープを作る時まで。
もちろんテーブルソルトにも。

ハーブソルト

材料

- イタリアンパセリ・・・・・・・・・・・・3本
- タイム・・・・・・・・・・・・・・・・・・・・・3枝
- 粗塩・・・・・・・・・・・・・・・・・・・・・・100g

作り方

1. 粗塩をフライパンで煎って水分を飛ばします。
2. イタリアンパセリを茎ごとみじん切りに、タイムは枝から葉を外して、水気をしっかり取ります。
3. 1に2を混ぜ合わせます。

Point1
さらさらになるまで水分を飛ばすことで、フレッシュハーブと合わせた時の保存状態を良くします。

Point2
ハーブは多めに混ぜると美味しいです。

いろいろなハーブソルト
- にんにく(ドライ)×ローズマリー×セージ
- レモンの皮(ドライ)×タイム
- バジル×カレー粉
- ローズマリー(みじん切り)×イタリアンパセリ

いろいろな楽しみ方

＊オリーブオイルと一緒に温野菜につけて ▷▷▷
＊ハンバーグを作る時に
＊肉や魚の下味に (P.50&P.52)
＊ポップコーンやフライドポテトに振りかけて
＊炒め物やスープの味つけに
＊オリーブオイルとバルサミコ酢に混ぜてドレッシングに

オリーブオイルにハーブソルトを入れて。温野菜につけて食べましょう。

Topics 17
そのまま食べてもソテーしても美味しいハーブバター

かんたんでおしゃれだからホームパーティーには欠かせない。
ワックスペーパーでラッピングすれば手土産にも！

ハーブバター

材料

- チャイブ……………………5本
- チャービル…………………3本
- バター………………………100ｇ

作り方

1. バターを室温に戻しておきます。
2. チャイブ、チャービルを茎ごとみじん切りにし、水気をしっかり取ります。
3. 1に2を混ぜ合わせます。
4. ラップで巻いて形を整えます。
5. 冷蔵庫で1時間ほど冷やします。

いろいろなハーブバター

- ローズマリー×タイム×レモンの皮
- ディル×ブラックペッパー
- タイム×カレー粉
- セージ×マスタード
- すりおろしにんにく×バジル

Point1

バターは柔らかくなりすぎると成形しづらいので、少し固めの状態で混ぜ合わせます。

Point2

直径2㎝ぐらいの棒状にします。

いろいろな楽しみ方

＊カットしてそのまま
パンに乗せて ▷▷▷

＊焼いたサーモンに乗せて

＊ステーキに乗せて

＊茹でたじゃがいもに乗せて

＊マッシュルームに乗せて
オーブンで焼いて

レーズンパンにハーブバターとくるみを乗せ、チャービルを飾りました。あらかじめバターをカットしておくと使いやすいです。

ハーブの作りおき料理について

はるか昔、紀元前3000年頃から防腐を目的にハーブが使われてきた記録があります。ハーブの持つ抗酸化力や抗菌力を利用することで、より美味しく食品を保存することができます。
本書では、できあがった料理を冷蔵庫で美味しいまま保存できる目安を、約一週間として作りおき料理を紹介しています。週末に作りおきをして、一週間の料理が楽にできる方法です。

ハーブと保存の比較

私が実験をした結果です。鍋に鶏肉が隠れるぐらいの水を入れ、中にしっかり火が通るまでそれぞれのハーブと一緒に茹で、冷蔵庫に保存して経過を観察しました。
観察はあくまでも主観によるものですが、水のみで茹でた時と比べ、ハーブと一緒に茹でたほうが味の持ちが良いことがわかりました。

水のみ	6日後に味が落ちた	9日後に腐った匂いがした
チャイブ	8日後に味が落ちた	16日後に腐った匂いがした
オレガノ	9日後に味が落ちた	17日後に腐った匂いがした
セージ	12日後に味が落ちた	16日後に腐った匂いがした
タイム	14日後に味が落ちた	18日後に腐った匂いがした
ローズマリー	16日後に味が落ちた	20日後に腐った匂いがした

伝統料理に学ぶ

フランスのコンフィは、フランス語の動詞「コンフィル」（保存する）を語源とします。冷蔵庫がなかった時代に、数ヶ月間肉や果物を保存することができる調理法として受け継がれてきました。肉に塩とハーブをまぶして油脂の中で低温で加熱し、そのまま冷まして凝固させ、油脂の中で保存します。低温で長時間かけて加熱することで、時間が経っても肉を柔らかいまま食べることができます。ハーブで抗菌し、油脂の中で保存することで、酸化を防いでくれます。

次のページからは、我が家の作りおき料理の定番をいくつか紹介します。ハーブや具材はお好みのものにアレンジしても大丈夫！　ぜひお試しください。

まとめて作って冷蔵庫で保存すれば、毎日の食事を美味しく楽しくしてくれます。

下記は本書で紹介している、便利な作りおき調味料やソースなどです。

クリームチーズのディップ(P.30)
鶏レバーのパテ(P.34)
ジェノベーゼソース(P.36)
トマトソース(P.40)
マリネ液(P.44)
ハーブマヨネーズ(P.56)
ハーブバター(P.62)

Topics 18

ドリアやピザにアレンジできるラタトゥイユ

夏野菜とトマトソースをフライパンでさっと炒めて出来上がり。
冷蔵庫で保存して１週間以内に食べきりましょう。

ラタトゥイユ

材料（2人分）

- タイム……………………2枝
- たまねぎ……………………½個
- ナス……………………½本
- ズッキーニ……………………½本
- パプリカ……………………½個
- トマト……………………中½個
- トマトソース（P.24 or 市販のもの）……………………200ml
- オリーブオイル……………大さじ2
- 塩……………………少々

作り方

1 フライパンにオリーブオイルを熱し、トマト以外の野菜を入れ、塩少々を振り炒めます。

2 野菜に半分程度火が通ったらトマトソース、トマト、タイムを加えてさらに炒め、野菜にしっかり火が通ったら出来上がりです。

Point1

市販のトマトソースを使用する場合は、1の時に塩加減に気をつけましょう。

Point2

生のトマトは、フレッシュさを生かすため、途中で加えます。

いろいろな楽しみ方

＊ラタトゥイユドリアに ▷▷▷
＊ピザトーストに
＊リゾットに
＊オムレツの具材に

ご飯に少量のバターを絡め、その上にラタトゥイユととろけるチーズを乗せ、オーブンで15分程焼きます。ラタトゥイユが余った時のおすすめメニューです！

Topics 19

ラップで包んで 低温調理のかんたん鶏ハム

食欲をそそるハーブの香りがたまらない
まわりがぷるんとした食感のハムです。

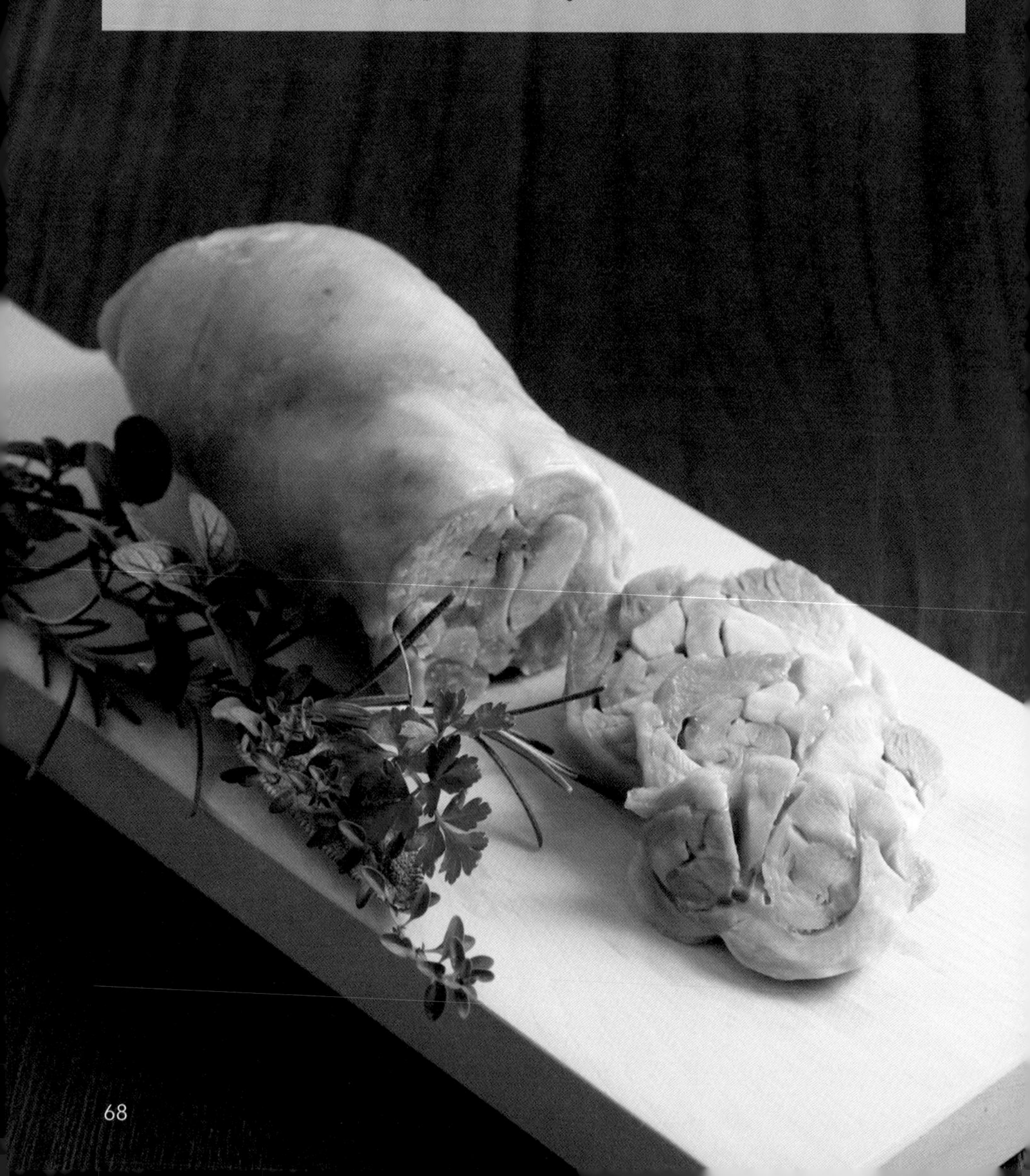

鶏ハム

材料

- ローズマリー……………………1枝
- オレガノ……………………………1本
- タイム………………………………1枝
- イタリアンパセリ…………………2本
- セージ………………………………1枚
- 鶏もも肉…………………………250g
- 塩……………………………小さじ½
- 砂糖……………………ひとつまみ

※代用ハーブ例
上記の5種類+チャイブの中から3〜5種類

作り方

1. 鶏肉の両面に塩と砂糖を擦り込み、皮を外側にしてロール状に丸めてから、ハーブと一緒にラップで2回巻きます。
2. 保温調理鍋にお湯を沸かしておき、1を入れ3時間程おきます。

※保温調理鍋がない場合は、弱火で30分程煮てください。

Point1
塩は鶏肉の重さの1%の量が目安です。ハーブは鶏肉の上にきれいに並べましょう。

Point2
ラップはできるだけ中に空気が残らないように巻き、上からもう一度巻きます。

いろいろな楽しみ方

* ワインのおつまみに
* サンドイッチの具材に
* 鶏肉を丸める時に、チャイブやイタリアンパセリを鶏肉の内側に一緒に巻いても

サラダのトッピングに。おすすめの味つけはシンプルなオリーブオイル+塩+ブラックペッパーや、クリーミーなごまドレッシングです。

Topics 20

ハーブが香るふっくら牡蠣のコンフィ

フランスに古くから伝わる保存食の調理法＝コンフィをヒントに。
オイル漬けのオイルも美味しい、毎年食べたくなる冬の定番。

牡蠣のコンフィ

材料

- ローズマリー……………………1枝
- ローリエ…………………………1枚
- 牡蠣……………………………10粒
- にんにく…………………………1片
- 鷹の爪……………………………1本
- オリーブオイル
  …………調理用100ml＋保存用
- 塩…………………………小さじ¼

作り方

1. ボウルにオリーブオイルと洗った牡蠣、にんにくのスライス、ローズマリー、ローリエ、鷹の爪を入れラップをかけて冷蔵庫で数時間寝かします。
2. ①を小鍋に移し、塩を加え弱火で10～15分火にかけます。
3. 牡蠣の中まで火が通ったら出来上がりです。

ワンポイントアドバイス

●保存する時は、瓶などに入れて牡蠣が隠れるくらいのオリーブオイルを足してください。保存期間は冷蔵庫で1週間まで。

Point1
時間がない場合は寝かさずに調理しても大丈夫です。

Point2
できるだけ弱火でゆっくり火を通すことでふっくら仕上がります。

いろいろな楽しみ方

＊バゲットに乗せてブルスケッタに

＊コンフィのオイルでさっと炒めた野菜と和えて

＊コンフィのオイルをパンにつけて

＊コンフィのオイルに牛乳と粉チーズを大さじ1ずつ足してバーニャカウダ風に

牡蠣のオイルパスタ。コンフィのオイルが決め手です。フライパンで温めた牡蠣のコンフィとそのオイルに、茹でたパスタとパセリのみじん切りを入れて絡めます。仕上げにピンクペッパーを振ります。

Topics 21

出来たてもピザのトッピングにも使いまわせる煮るだけのアヒージョ

アヒージョはスペイン語で「にんにく風味」。
にんにくとハーブの香りが漂うかんたんおつまみ。

エビとマッシュルームのアヒージョ

Point1
にんにくは薄切りではなくみじん切りにすることでより香りが立ちます。

材料

- オレガノ…………………1本
- タイム……………………2枝
- エビ………………………10尾
- マッシュルーム…………10個
- にんにく…………………1片
- オリーブオイル
  ………調理用約100ml＋保存用
- 塩…………………………小さじ¼

※代用ハーブ
ローズマリー、イタリアンパセリ、チャービルなど

Point2
具材がひたひたになるように、オリーブオイルの量を調整してください。

作り方

1. 茎から外したオレガノの葉と、枝から外したタイムの葉、にんにくをみじん切りにします。
2. 鍋にオリーブオイルとにんにくを入れ、香りが立つまで熱します。
3. ②の鍋にエビとマッシュルーム、ハーブ、塩を入れて具材に火が通るまで10分程煮ます。

いろいろなアヒージョ

具材とハーブの組み合わせ紹介

*タコとブロッコリーのアヒージョ×ローズマリー
*ミニトマトのアヒージョ×イタリアンパセリ
*ホタルイカとマッシュルームのアヒージョ×チャービル
*筍のアヒージョ×チャイブ

しらすのアヒージョトースト。釜揚げしらすで作ったアヒージョをパンに乗せてトーストします。仕上げにイタリアンパセリのみじん切りを乗せて。子どもにも人気のメニューです。

Topics 22

冷蔵庫に常備したい
寝かせるだけのチーズのオイル漬け

生ハム、サーモン、ドライフルーツ、ピクルスと一緒に
ワインやビールのおつまみに。

チーズのオイル漬け

材料

- タイム……………………2本
- イタリアンパセリ…………2本
- クリームチーズ……………70g
- オリーブの実………………2個
- オリーブオイル……………100ml
- 塩………………………小さじ1
- ブラックペッパー…………少々

※代用ハーブ例
バジル、ローズマリー、チャイブ

作り方

1. タイムの葉を枝から外し、イタリアンパセリと共に粗みじんにします。
2. クリームチーズを1～1.5cmのさいの目にカットし、塩を振ります。
3. 保存容器にオリーブオイル、クリームチーズ、タイム、ブラックペッパー、オリーブの実を入れます。

ワンポイントアドバイス

- 冷蔵庫に保存し、1週間以内に食べきりましょう。オイルが固まるので、食べる1時間前に冷蔵庫から出しておきましょう。

Point1
チーズはさいの目切りのほか、三角形にカットしてもおしゃれです。

Point2
チーズがオイルで隠れるようにしましょう。

いろいろな楽しみ方

＊ミニトマトと和えて ▷▷▷
＊小さくカットしたスモークサーモンと和えて
＊ナッツと和えて
＊カラスミと和えて

¼にカットしたミニトマトと和えるだけ。トマトの甘みが引き立つ美味しい一品です。

Topics 23

そのまま食べても
刻んで和えても美味しいピクルス

カラフルな野菜の常備食。
ディルの香りが口いっぱいに広がる、くせになる美味しさ。

ピクルス

材料

- ディル……………………4本
- ローリエ…………………1枚
- キュウリ…………………¼本
- にんじん…………………¼本
- 大根………………………6㎝
- パプリカ（赤）……………¼個
- パプリカ（黄）……………¼個
- 塩……………………小さじ1
- 砂糖…………………小さじ½
- ブラックペッパー…………少々
- 酢…………………………50ml
- 水…………………………25ml

※ディルの代用ハーブ例
タイム、ローズマリー

作り方

1. 野菜を食べやすい大きさにカットし、塩を振って揉みます。
2. 酢、水、砂糖、ブラックペッパー、小さくカットしたディル（3本分）を1と和えます。
3. 容器に2を入れ、ローリエとカットしていないディルも一緒に漬けて一日冷蔵庫におきます。

Point1
ディルは、1㎝程の大きさにカットすると、見た目もきれいです。

Point2
野菜は保存容器と同じ大きさにカットするとたくさん入ります。

ワンポイントアドバイス

- 即席で作る場合は、1㎝角のさいの目切りにして塩揉みし、砂糖と少量の酢と和えれば完成。

いろいろな楽しみ方

＊タルタルソースに ▷▷▷
＊千切りにして肉と炒め物に
＊スライスしてサラダの具材に
＊スライスして甘酢あんかけに

みじん切りにしたピクルスをマヨネーズと和えてタルタルソースに。茹でたエビにつけて。

私の愛用品

ハーブティーはお気に入りのティーカップと
使いやすいポットで。
シンプルなデザインは使い心地が良く、
どんなシーンにもぴったりです。

KINTO
CASTシリーズ

ティーポットとティーカップ

OVAシリーズ

ウォーターカラフェ

優しいカラーが食卓を華やかにしてくれます。
お料理だけでなく、アイスなどのデザートにも
かわいらしいアイテムです。

atelier tete ／ Dune porcelain

プレートやピッチャー、
カップも揃えられます。

サシェ袋

オーガンジー素材のサシェ袋は、ラッピング用品として販売されているものを使っています。丈夫で速乾性があるので、入浴用にハーブを入れて使えます。

CHAPTER 2

for tea time

ハーブのドリンクやスイーツを作りましょう

tea timeに合うハーブのレシピをご紹介します。
楽しいひとときのヒントをたくさん見つけてください。
ティースプーンとティーフォークの間に
ローズマリーとパンジーを飾りました。
季節のくだもの、ハーブ、草花が
楽しいおしゃべりに華を添えます。

ハーブティーの入れ方の基本

ここでは、フレッシュハーブを使ったハーブティーの入れ方を紹介します。
フレッシュハーブは、まろやかですがすがしい香りを味わうことができます。
自宅で育てている場合は、飲む直前に摘み取ることをおすすめします。

お湯出しハーブティー

アイスティーを作る場合は、
濃いめに入れて氷を足しましょう。

ティーカップ半分の量のハーブをポットに入れます。写真：ペパーミント５本

熱湯を400㎖注いで蓋をし、３分おきます。蓋をするのは香りの成分を逃がさないようにするためです。

カップに注ぎ、飾り用のハーブを浮かべます。見た目にも癒やされ、いっそう美味しく感じます。

時間がない朝には、カップにフレッシュハーブを直接入れて熱湯を注ぐだけでもＯＫ！

水出しハーブティー（ハーブウォーター）

水出しは、タンニンなどの成分が抽出されにくいため、
長時間おいても渋みが出づらく冷蔵庫の保存にも向いています。
2〜3日で飲みきりましょう。

ティーカップ1杯分の量のハーブを容器に入れます。写真：ペパーミント8本

常温の水800㎖を注ぎ蓋をして冷蔵庫で6〜8時間おきます。

グラスに注ぎ、容器からハーブを1つ取り出し浮かべるときれいです。

ドライハーブの量の目安は？

- ドライハーブの場合は、いつでも手軽に飲めて便利ですが、分量が多いと香りが強すぎて飲みづらくなってしまいます。
- お湯出しも水出しも分量は同じ。1杯分のハーブティー（180㎖）を入れるのにティースプーン山盛り1〜3杯が目安です。迷ったらまず1杯から試してみましょう。

Topics 24

デザート作りもかんたん！フルーツのハーブ煮

フルーツにハーブの香りをつけて煮るだけで美味しいデザートに。
活用の仕方もいろいろで冷蔵庫の常備品にぴったりです。

みかんのハーブ煮

材料

- タイム……………………2枝
- みかん……………………2個
- グラニュー糖………………50g
（代わりにブラウンシュガーや
はちみつでも）
- 水…………………………適量

フルーツとハーブの組み合わせ例
- 洋なし×レモンバーム
- ぶどう×ペパーミント
- いちご×レモンバーム

作り方

1. みかんは皮ごと食べるので、良く洗って輪切りにします。
2. 鍋に1を入れ、グラニュー糖をまんべんなく振りかけ、ひたひたの水を入れ、タイムを乗せて弱火で20分煮ます。

Point1
みかんは煮崩れしないように、鍋の中にきれいに並べましょう。

Point2
水にとろみがついたら出来上がり。冷蔵庫に保存して1週間以内に食べきりましょう。

いろいろな楽しみ方

＊パンケーキに乗せて ▷▷▷
＊肉につけて⇒(P.50)
＊シャーベットやアイスクリームに添えて⇒(P.87)
＊紅茶に入れて
＊ハーブティーに入れて⇒(P.91&P.93)
＊即席サングリアに⇒(P.99)

フルーツ煮のシロップはパンケーキに乗せてめしあがれ。生クリームやアイスクリームも添えれば楽しいティータイムに！

Topics 25

デザートにも食事の口直しにもなる ミントシャーベット

ミントをたくさん使って作るシャーベットは、
爽やかな香りが口いっぱいに広がります。

ミントシャーベット

材料

- ミントの葉……………………50枚
- 白ワイン……………………50ml
- グラニュー糖………………60g
- 水……………………………250ml

※代用ハーブ例
レモンバーム、バジル

作り方

1. 白ワイン、グラニュー糖、水を鍋に入れ、一煮立ちさせて冷まします。
2. みじん切りにしたミントを1に入れ、容器に入れ冷凍庫で凍らせます。
3. ある程度凍ったらスプーンで一度かき混ぜます。
4. 完全に凍ったら、もう一度スプーンでかき混ぜます。

Point1
固まりきらないうちに全体をかき混ぜます。

Point2
かき混ぜて空気を入れることで、シャリシャリとした食感のシャーベットになります。

ワンポイントアドバイス

- アルコールは氷点が低いため、早く凍らせるために容器はホーローやアルミなど金属製のものを使いましょう。

いろいろな楽しみ方

＊フルーツのハーブ煮を乗せて ▷▷▷
＊炭酸水を注いで
　フローズンドリンクに
＊ヨーグルトやゼリーと一緒に
　パフェに

ザクザクのシャーベットの上に冷やした洋なしのレモンバーム煮を乗せました。飾りにミントの葉をあしらえばお客様にも出せる、すてきなデザートに。⇒(P.84)

Topics 26

おやつにも主食にも！ハーブが香るスコーン

ローズマリーが香るほんのり甘いスコーンと、
朝食におすすめのイタリアンパセリスコーンです。

２種のハーブスコーン

材料

- ローズマリー・・・・・・・・・・・・・・・・１枝
- イタリアンパセリ・・・・・・・・・・・・・３本
- 薄力粉・・・・・・・・・・・・・・・・・・・・・200ｇ
- ベーキングパウダー・・・・・・小さじ２
- 卵（Mサイズ）・・・・・・・・・・・・・・ １個
- バター・・・・・・・・・・・・・・・・・・・・・・30ｇ
- グラニュー糖・・・・・・・・・・・・・・・・20ｇ
- 塩・・・・・・・・・・・・・・・・・・・・・ひとつまみ
- 牛乳・・・・・・・・・・・・・・・・・・・・・・・・80㎖

作り方

1. バターを湯煎もしくは数秒間電子レンジにかけて溶かしておきます。
2. 薄力粉、ベーキングパウダー、グラニュー糖、塩を混ぜてから、①を混ぜ合わせます。
3. 卵、牛乳を混ぜ合わせたものと②を手早くヘラでまとめます。
4. まとまりかけたら、③を２つに分け、それぞれにローズマリーとイタリアンパセリのみじん切りを加えます。
5. 生地をラップにくるんで厚さ２～３㎝に伸ばし、冷蔵庫で30分寝かせます。
6. 190°Cに温めておいたオーブンで20分焼きます。

Point1

ローズマリーは１㎜程度のみじん切りに、イタリアンパセリは粗みじん切りに。

Point2

ビニール袋に生地を入れて麺棒で伸ばすとかんたんです。

いろいろな楽しみ方

＊スコーンに
ハーブクリームチーズをつけて ▷▷▷

＊レモンマートルと刻んだ
ドライいちじくを使ったスコーン

＊レモンバームのスコーン

＊バジルとカマンベールチーズの
スコーン

スコーンは、イギリスの伝統的なクロテッドクリームとジャムをつけて食べるのが一般的ですが、P.30のレシピからにんにくを除いたクリームチーズもおすすめ。

Topics 27

癒やしのフレッシュハーブティー

癒やされたい時にぴったりのレモンバームのハーブティー。
レモンのような香りとミントの爽快感を楽しんで。

癒やしの
フレッシュハーブティー

材料

- レモンバーム……………… 3本
- ミント………………………… 2本
- 熱湯……………………………適量

作り方

1. レモンバームとミントをポットに入れます。
2. 熱湯を注ぎ、蓋をして3分おいたら出来上がりです。

ワンポイントアドバイス

● ミントの爽快感は元気を与え、やがて鎮静作用をもたらします。鎮静作用の高いレモンバームとの組み合わせは、味も香りもベストです。

Point1

レモンバームとミントは3：1の分量がおすすめです。

Point2

葉は、浮いて空気に触れると黒ずんできます。きれいな緑色を保つために、葉をお湯の中に沈めましょう。

\\ 癒やされたい時に //

● いろいろなハーブティー

＊ハーブティーに
フルーツのハーブ煮を ▷▷▷

＊カモミールとミントのブレンド

＊レモンバームとレモングラスのブレンド

＊カレンデュラとレモンバームのブレンド

レモンバームとミントのハーブティーに洋なしのレモンバーム煮（P.84）を入れました。はちみつや砂糖を入れなくてもデザート感覚に。

Topics 28

体が温まるスパイシーなハーブティー

寒い冬に心も体も芯から温めてくれるハーブティーです。
冷え性の人や風邪のひきはじめははちみつを入れて。

体が温まるハーブティー

材料

- ローズマリー……………………1枝
- タイム………………………………2枝
- 生姜(スライス)…………………1枚
- 熱湯……………………………………適量

作り方

1. ローズマリー、タイム、生姜をポットに入れます。
2. 熱湯を注ぎ、蓋をして3分おいたら出来上がりです。
(香りは充分に出ますが色が出づらいので、鍋で火にかけても良いです。)

ワンポイントアドバイス

- 生の生姜は妊婦の悪阻(つわり)にも良いですが、乾燥した生姜(ジンジャーパウダーなど)は成分のジンジャロールが消炎・鎮痛作用の強いショウガオールに変化するため、妊娠中には使用しないようにしましょう。

Point1
より体を温めたい時は、生姜のスライスをカップにも入れましょう。

Point2
ローズマリーは香りが強く、長い時間漬けすぎると渋くなるので、10分程で取り出しましょう。

\\ 体を温めたい時に //

いろいろなハーブティー

- ＊ハーブティーにフルーツのハーブ煮を ▷▷▷
- ＊ローズマリーとレモングラスと生姜のハーブティー
- ＊ローズマリーとミントのハーブティー
- ＊ローズマリーにローズの花びらを浮かべて

ローズマリー、タイム、生姜のハーブティーにみかんのハーブ煮(P.68)を入れました。寒い冬、家に帰ってきた時にほっとする1杯です。

Topics 29

ビタミンもたっぷり！
体が喜ぶ冷たいハーブソーダ

暑い夏は糖分を取るのも忘れずに！
疲れが飛んでいきそうな、彩り豊かなハーブドリンクです。

ハーブソーダ

材料（P.94 写真左）

ミント……………………2本
キウイ(輪切り)……………3枚
りんごジャム………スプーン1杯
レモン(輪切り)……………1枚
炭酸水(無糖)……………180ml

材料（P.94 写真中央）

ミント……………………2本
みかん(輪切り)……………3枚
アプリコットジャム‥スプーン1杯
炭酸水(無糖)……………180ml

材料（P.94 写真右）

ミント……………………2本
りんご(スライス)…………3枚
ブルーベリージャム‥スプーン1杯
レモン(輪切り)……………1枚
炭酸水(無糖)……………180ml

作り方

1. グラスにスプーン1杯のジャムとフルーツ、ミントを入れます。
2. 炭酸水を注いで軽く混ぜます。

Point1
ジャムの量で甘みを調節しましょう。

Point2
レモンを入れると酸味が加わりさっぱりとした味わいになります。

いろいろな楽しみ方

＊フルーツポンチ ▷▷▷

＊いちごやラズベリーと
炭酸水の代わりにシャンパンを入れて

＊ハーブソーダにリキュールを足して

カットしたフルーツ、ブルーベリージャム、ミント、レモンに炭酸水を注いでフルーツポンチにしました。

Topics 30

食卓に華を添えるハーブウォーター

暑い夏も、暖房の効いた冬も水分の補給にハーブの香り。
好きな香りのハーブウォーターを冷蔵庫でいつも冷やして。

ハーブウォーター

材料（P.96 写真右）

- ミント……………………………5本
- レモン……………………………½個
- ライム……………………………½個
- 水……………………………1000ml

材料（P.96 写真左）

- レモンバーム……………………4本
- レモングラス(15㎝にカットした葉)……………………………4枚
- ゆずの皮(2㎝の細切り)……適量
- 水……………………………1000ml

作り方

1. 容器に水を注ぎ、全ての材料を入れます。
2. 冷蔵庫で1時間以上漬け込みます。

ワンポイントアドバイス

- グラスには漬け込んだハーブなども一緒に入れて彩りを楽しみましょう。

Point1

ライムは長時間漬けると苦みが出るので、苦手な方は飲む直前に入れるようにしましょう。

Point2

レモングラスは細かく刻む程、より香りを抽出することができます。

いろいろなハーブウォーター

*持ち歩き用ミントウォーター ▷▷▷

*ローズマリー×タイム×オレンジのハーブウォーター

*レモンバーム×ミント×ラズベリーのハーブウォーター

ペットボトルにミントと水を入れて冷蔵庫で一晩寝かせます。サンドイッチと一緒にピクニックのおともに。

Topics 31

彩りもきれいな花のハーブワイン

甘いケーキと一緒にフローラルな香りのハーブワインを。
すぐに作れるから女子会にもぴったり！

花のハーブワイン

材料

- レモンバーム・・・・・・・・・・・・・・・・2本
- ローズのつぼみ(ドライ)・・・・・・2個
- 白ワイン・・・・・・・・・・・・・・・・・・・500ml

※代用ハーブ例
レモングラス
ローズマリー
セージ

作り方

1. 容器に白ワインを注ぎ、レモンバームを入れ、ローズのつぼみを浮かべます。

ワンポイントアドバイス

- グラスに注ぐ時にローズとレモンバームをあしらいましょう。
- ローズのつぼみを白ワインに長時間漬けると色が抜けてしまうので、飲む直前に浮かべましょう。香りは充分楽しめます。

Point1
ローズのつぼみはハーブティーの材料として販売されています。

Point2
容器は身近にあるティーポットでも。

いろいろなハーブのお酒

＊ハーブを使ったサングリア ▷▷▷
＊梅酒にレモンバームを漬けて
＊日本酒にレモングラスを漬けて
＊ブランデーにレモンバーム、ミント、いちじくを漬けて

白ワインにカットしたフルーツ、好みで砂糖やリキュールを入れて、ローズマリー、ミントを一緒に2時間ほど漬けます。フルーツのハーブ煮(P.84)をワインに入れるだけの即席サングリアもおすすめです。

私の好きなハーブティー

私がいちばん良く飲むハーブティーは、
レモンバームとミントのブレンド（P.90）です。
庭からさっと摘んで飲めるから。
レモンバームは紅茶に入れても美味しいです。
こだわりは、ドライのハーブティーを入れる時も
できるだけフレッシュハーブを浮かべるようにします。
湯気と一緒にみずみずしい香りが漂い、見た目にもいっそう癒やされます。
ここではお気に入りのハーブティーを３種類紹介します。

ラズベリーリーフのブレンドティー

材料

- ラズベリーリーフ……………ティースプーン１杯
- エルダーフラワー……………ティースプーン１杯
- ミント（フレッシュ）…………１本
- 熱湯……………………180ml

ポットに熱湯と上記のハーブを入れ、３分おきます。
ラズベリーリーフは生理痛を和らげ、収れん性が口内炎を和らげてくれます。

カモミールミルク

材料

- カモミール‥‥ティーバッグ１個
もしくはティースプーン１杯
- ミルク‥‥‥‥‥‥‥‥‥180ml
- はちみつ‥‥ティースプーン１杯

90°Cに温めたミルクにカモミールのティーバッグを入れてはちみつを加えます。
安眠を誘うので、眠る前におすすめです。

レモンマートルティー

材料

- レモンマートル‥‥‥１～２枚
- 熱湯‥‥‥‥‥‥‥‥‥180ml

葉に切り込みを入れて(P.109)カップに熱湯を注ぐだけ。
レモンの香りでリフレッシュ。

CHAPTER 3

for interior

お家の中でもハーブを楽しみましょう

香りのある暮らしは気持ちを前向きにしてくれます。
ちょっと気分が乗らない日、疲れが溜まっている時…。
そんな時にこそ、はなうたを歌いたくなる気持ちに
してくれるのがハーブの香りです。
まずは好きな香りを見つけて、そのハーブを部屋に飾ってみましょう。

Topics 32

ハーブと花で癒やされる かんたんハーブバス

お部屋で手軽に楽しめる手浴＆足浴。
ハーブの香りと蒸気に包まれて、心も体も喜ぶおうちスパ。

ハーブバス

材料

- ローズマリー……………………2枝
- ミント…………………………5本
- ラベンダーの花(ドライ)
  …………ティースプーン1杯
- ローズの花びら(ドライ)
  …………ティースプーン1杯
  もしくはローズのつぼみ(ドライ)
  ………………………………3個
  熱湯……………………約1000ml
  水……………………………適量

作り方

1. 洗面器にハーブを入れます。
2. [1]に熱湯を注ぎ3分おきます。
3. 水を足して湯温を調節します。

＊足浴も同じ方法でできます。

Point1
ハーブがひたひたになるように熱湯を注ぎます。

Point2
必ず熱湯で抽出してから、水で温度を調節しましょう。

※ローズやラベンダーは特に女性の
気持ちを落ち着かせてくれる香りです。
ローズマリーは血行促進に、
ミントはすっきりさせてくれるので
元気になりたい女性におすすめです。

ハーブバスおすすめレシピ

肌にやさしいハーブバス
カモミール(ドライ)、カレンデュラ(ドライ)、レモンバームのハーブバスは子どもにもやさしい、肌をいたわるハーブの組み合わせです。もちろん、気持ちも穏やかになります。

ワンポイントアドバイス

- 手浴＆足浴を楽しむためには、手や足をやさしくマッサージしながら浸けましょう。冷めたらお湯を加えましょう。
- お風呂で使う時は、オーガンジーのサシェ袋(お茶パック、細かいネットの袋でも可)にハーブを入れて使うと入浴後のお掃除が楽です。成分をしっかり抽出したい場合は、一度お鍋で煮だしたものを、お風呂に加えます。

Topics 33

おもてなしにハーブの香るタオル

温かいタオルにほっとする香り。
冷たいタオルはハーブを巻いておしゃれに。

温かいハーブタオル

材料（P.106 写真左）

レモングラス（15cmにカットした葉）…………………………6枚
ハンドタオル
熱湯…………………………約1000ml
水…………………………適量

※代用ハーブ例
ミント、レモンバーム、ローズマリー

作り方

1. レモングラスを洗面器に入れます。
2. ハーブが隠れるぐらいの熱湯を注ぎ3分おきます。
3. 水を足して湯温を調節します。
4. タオルを絞って広げ、レモングラスを巻きます。

Point1
レモングラスは細かくカットすると、タオルを絞る時に邪魔になるので、15cmぐらいの長めにカットしましょう。

Point2
温度が下がりすぎないように手早く浸けて絞りましょう。

冷たいハーブタオル

材料（P.106 写真右）

ミントやセージなど好みのフレッシュハーブ………3～4本
ハンドタオル
冷たい水…………………………適量

作り方

1. 冷たい水に浸けて絞ったタオルでハーブを巻きます。

ワンポイントアドバイス

- 温かいタオルでミントなど葉の柔らかいハーブを巻くと、葉がしなってしまいますので、やめましょう。

毎日の入浴後にも香りを

バスタオルに香りづけ
ラベンダーの花（ドライ）をサシェ袋に入れて、タオルがしまってある引き出しに入れます。入浴後に使うとほっとして一日の疲れが癒やされます。タンスなどに入れる場合は、ドライハーブを使いましょう。ほかにも、ローズ、ローズマリー、レモングラス、カモミール、ミント、リンデン、ジャスミンなどもおすすめです。

Topics 34

心地よい睡眠にハーブティーアロマ

ハーブで作る、ふんわりやさしく漂う自然な香りは
おやすみの時間にぴったりです。

ハーブティーアロマ

材料

- レモンマートル……………4枚
- 蓋つき容器
  （写真はシュガーポットを利用）
- 熱湯…………………………150ml

※代用ハーブ例
レモングラス、ローズマリー、
ラベンダー、ローズ

＊全てフレッシュでもドライでも可

作り方

1. レモンマートルの葉に手で切り込みを入れます。
2. ハーブが隠れるぐらいの熱湯を注ぎ蓋をして3分おきます。
3. ベッドサイドに置いて蓋をあけます。

Point1
切り込みを入れることで、香りを抽出しやすくします。

Point2
蒸らしている間は、蓋をして香りの成分を逃がさないように。

安眠をさそう香りを枕元に

ハーブピロー
枕元にその日の気分に合ったドライハーブの入ったサシェ袋をおくだけ。ラベンダーは枝ごとリボンで束ね、ローズはつぼみのものを使うと、見た目もかわいいです。安眠にはお気に入りの香りのハーブを使うことがいちばんです。

Topics 35
飾りながら楽しく使うキッチンハーブ

キッチンカウンターにハーブを飾って、
そこから料理に使うととっても便利です。

飾るキッチンハーブ

材料（P.110 写真左）

- ルッコラ　葉・・・・・・・・・・・・・・・・2枚
- 　　　　　花・・・・・・・・・・・・・・・・3本

材料（P.110 写真中央）

- オレンジミント・・・・・・・・・・・・・・・3本

材料（P.110 写真右）

- ローズマリー（花つき）・・・・・・・・4本

作り方

1. グラスに水を注いでおきます。
2. ハーブの茎の根元を少し切ります。
3. ハーブをグラスに入れます。

ワンポイントアドバイス

- 普段良く使うハーブや食材をグラスに入れて。春～初夏は多くのハーブが花をつけるので、飾るとキッチンにいることが楽しくなります。花も食べられるので、そのまま料理に使えます。
- ローズマリーは花を通年でつけやすいので、飾るのにおすすめです。

Point1
完全に水に浸かってしまう葉は切り落としましょう。

Point2
摘みたてのハーブは5㎜程カットすれば大丈夫です。

ドライハーブやスパイスもかわいらしく

キッチンカウンターには、保存容器に入れた色とりどりのハーブやスパイスを飾るのもおすすめです。長期保存するものは、暗い場所に保存するほうが良いですが、料理の仕上げやハーブティーなど、良く使うものは出しやすい場所にディスプレイしましょう。
※写真は左からピンクペッパー、ローズのつぼみ、ドライハーブミックス。

Topics 36

体にもやさしい
ラベンダーのお掃除スプレー

シンクの水垢や調理器具の汚れ落としに。
ラベンダーの香りでお掃除も楽しくなります。

ラベンダーのお掃除スプレー

用意するもの

ラベンダーの花（ドライ）
……ティースプーン山盛り２杯
穀物酢……………………200ml
保存容器
スプレー容器

※代用ハーブ例
ミント、ローズ、レモングラス

作り方

1. 保存容器にラベンダーと酢を入れます。
2. 蓋をして１日１回容器をよく振り、常温で１週間おきます。
3. スプレー容器に2を入れ、水で３倍に希釈します。

Point1

ラベンダーを枝から外す場合は、ティッシュなどで穂を包んで揉むとかんたんです。

Point2

日にちが経つにつれて、きれいなピンク色になっていきます。

ワンポイントアドバイス

- 酢を使っているので金属製のものを掃除した後は、水拭きをしてください。
- ラベンダーは色移りの可能性がありますので、白い壁紙などは拭かないようにしましょう。

ポットの茶こしもきれいに

ポットの茶こしを右側半分だけ、ラベンダービネガーに浸しました。こんなにきれいになります！　ほかにもトイレや洗面所など家の中のあらゆる水回りにお使いください。

Topics 37
ダイニングに華やぐフラワーアレンジ

身近な食器にもハーブや花を飾って、
家族の集うダイニングも明るく楽しく！

ダイニングのフラワーアレンジ

用意するもの（P.114 写真左）

- レモンバーム（背が高いもの）‥3本
- フリージア…………………3本
- マトリカリア シングルペグモ（背が高いもの）……………2本
- ピッチャー（φ9.5×W16.5×H16.5cm）

用意するもの（P.114 写真右）

- レモンバーム（背が低いもの）‥3本
- ラナンキュラス……………3本
- マトリカリア シングルペグモ（背が低いもの）……………2本
- ガラスの花器（L18×W6×H5.5cm）

作り方

1. 器に水を注いでおきます。
2. P.111のPoint1&2を参考に、葉と茎の根元を少し切ります。
3. 器にレモンバームを入れ、次に花を入れます。

ワンポイントアドバイス

- ハーブを庭から摘む場合は虫がついていないかを確認して、土がついている場合は軽く洗いましょう。
- 食卓は料理がメインの場所です。色数が多くなりすぎないように心がけましょう。

Point1

器に合わせてハーブの量を調節しましょう。

Point2

それぞれフリージア、ラナンキュラスを先に入れて、最後に小花を入れるとバランスを取りやすいです。

● 食器に生けてみましょう

大きさの違う2枚の皿を重ね、ユーカリの枝とガーベラの花を生けました。（φ25cmとφ18.5cmの皿を重ねました）
色違いや、無地と柄を組み合わせたり、シンプルに白い食器だけを使ったりと、皿のコーディネートを楽しむとシンプルなアレンジが生きてきます。

Topics 38

ちょっとしたおもてなしに ナプキンホルダー

ハーブと麻紐があれば結ぶだけのナプキンホルダー。
どんな季節にも用意しやすく、覚えておきたいおもてなしです。

ナプキンホルダー

用意するもの（P.116 写真左）

- クランベリー（40㎝）…………１枝
- ユーカリ…………………１本
- 麻紐…………………20㎝
- 布のナプキン

用意するもの（P.116 写真手前）

- ローズマリー（20㎝）…………１枝
- シルバーブローニア…………１本
- 麻紐…………………20㎝
- 布のナプキン

※代用ハーブ例
巻くハーブ…レモングラス、タイム
飾るハーブ…タイム、ミント
（花つきも可）

作り方

1. カトラリーをナプキンで巻きます。
2. それぞれローズマリー、クランベリーの枝で巻きます。
3. 麻紐を巻いてちょう結びにし、2の枝を留めます。
4. シルバーブローニアやユーカリを短くカットし、3に挿します。

Point1
クランベリーは細いので３重くらいに巻くと見た目が良いです。ローズマリーは枝が柔らかい品種のものを使っています。

Point2
飾りに使う植物が目立つように、ナプキンの色を選びましょう。

ハーブで食卓を飾る

カトラリーレスト
ローズマリーとシルバーブローニアを麻紐で巻いて結んだだけのカトラリーレストです。季節によっていろいろなハーブや花を使って作ってみましょう。

Topics 39

リビングに癒やしのフラワーアレンジ

ハーブティーを飲みながらゆったりゆらり水に浮かぶハーブを眺めて、癒やされるひとときにぴったりのアレンジです。

リビングのフラワーアレンジ

用意するもの

- カラミンサ・グランディフローラ …………………………1本
- ローズゼラニウム…………………1本
- ガラスの花器(φ14cm)

作り方

1. 器に水を注いでおきます。
2. P.111のPoint1&2を参考に、葉と茎を処理します。
3. ハーブを浮かべます。

Point1

水に浮かべて飾るのに適したハーブです。
①レモンバーム②ミント③ローズゼラニウム④ワイルドストロベリー

ハーブの紹介

カラミンサ・グランディフローラ

ミントの香りを漂わせるシソ科のハーブです。初夏〜晩秋と花の時期も長く、ピンクの花をつけ庭を彩ります。

ローズゼラニウム

センテッド・ゼラニウムの一種でローズの香りがするフウロウソウ科のハーブです。葉を1枚紅茶に浮かべるのもおすすめです。

小さな器をコーヒーテーブルに

小さな器でもグリーンがテーブルにあると心が和むものです。シルバータイムという斑入りのタイムと、ミニバラ(グリーン・アイス)を生けました。どちらも育てやすく庭におすすめの植物です。

Topics 40

パウダールームに香るフラワーアレンジ

ハーブの香りが漂うパウダールーム。
季節の花を添えたりドライフラワーを飾るのも良いでしょう。

パウダールームの
フラワーアレンジ

用意するもの（P.120 写真手前）

- ミント……………………2本
  ストック…………………1本
  ガラスの花器（L6×W6×H5.5㎝）

用意するもの（P.120 写真奥）

- ローズマリー（花つき）………4本
  ガラスの花器（L6×W6×H5.5㎝）

作り方

1. 器に水を注いでおきます。
2. P.111のPoint1&2を参考に、葉と茎を処理します。
3. ハーブと花を器に生けます。

ワンポイントアドバイス

- パウダールームのような小部屋には少量のハーブでも充分香ります。たくさん飾りすぎると香りがきつくなることもあるので注意しましょう。

Point1

パウダールームにおすすめのフレッシュハーブです。
①ローズマリー②ローズゼラニウム③ミント

Point2

パウダールームにおすすめのドライハーブです。
①ラベンダー②カモミール③ローズ

● 庭に咲くパンジーも

花つきのローズマリーを２本と、紫色のパンジーをぽんと入れただけですが、パウダールームに癒やしの空間が。来客時にはさりげない心遣いが喜ばれます。

コンテナガーデンを作って
ハーブを摘める毎日へ

ペイント&ステンシルでマガジンファイルを
花台にリメイク→P.126

ベランダやテラスに、ハーブを植えたプランター(コンテナ)を。
摘みたてのハーブは香りも強く、買いにいかなくて良いので
便利でお財布にもやさしいです。
古くなったり汚れてしまった身の回りのものをリメイクして。

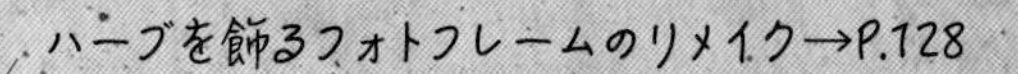

ペイント&デコパージュで
プラ鉢をハーブ柄にリメイク→P.124

Topics 41

ペイント＆デコパージュでプラ鉢をハーブ柄にリメイク

いつの間にか増えてしまったり、100円ショップで買ったプラ鉢もプラスチックとは思えない表情豊かなオリジナルプランターに。

プラ鉢のリメイク

用意するもの

プラスチック製の鉢／ペンキの下地／ペンキ／デコパージュ液／ペーパーナプキン／受け皿／メラミンスポンジ

作り方

1 プランターに、漆喰風に見せることができる塗料をメラミンスポンジで塗ります。ほかの、ペンキを吸着させる下地を使用してもＯＫです。

2 [1]が乾いたら、その上に好きな色のペンキを塗ります。

3 プランターにつけたい絵柄の部分だけのペーパーナプキンを切り取ります。

4 ペーパーナプキンは、通常３枚の紙でできています。一番上だけを使うので３枚にはがしておきます。

5 絵柄をつけたい場所にデコパージュ液を広めに塗ります。

6 [4]のはがしたペーパーナプキンを貼ります。

7 [6]が乾いたら、ナプキンの上からもデコパージュ液を繰り返し３度塗ります。余分なペーパーは切り取ります。

私の愛用品

天然の顔料が使用されている水性のペンキを使っています。今回は下地にアメリカのオールドビレッジペイントのメディタレニアン（かんたんに漆喰風に見せることができる塗料）を使い、プラスチックの質感を自然な風合いにしました。ペンキを塗る時は掃除用のメラミンスポンジを使うと、刷毛よりも均一に早く塗れて、ペンキも少量ですむのでおすすめです。

Topics 42

ペイント＆ステンシルで マガジンファイルを花台にリメイク

ちょっと汚れてしまったマガジンファイルや木の箱に塗装をして、プランターを飾る台を作りましょう。

マガジンファイルのリメイク

用意するもの

木製のマガジンファイル／ペンキ２色／ステンシルシート／タイル（8.5㎝角×２～３枚）／受け皿／メラミンスポンジ

作り方

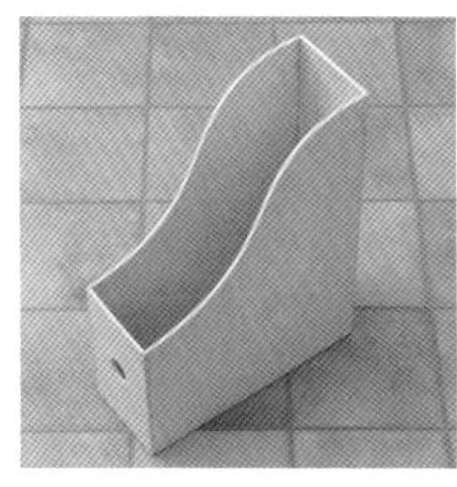

1 木製のマガジンファイルを用意します（使い古しでＯＫ）。

2 メラミンスポンジでペンキを塗ります。全ての面を２度塗りします。

3 もう１色のペンキをメラミンスポンジにつけて、もう１つのメラミンスポンジで余分なペンキを吸収します。

4 ステンシルシートをしっかり押さえ、少しずつメラミンスポンジでたたきながら、柄をつけます。

5 プランターが直に触れるところは、タイルを敷きましょう（100円ショップなどで購入できます）。

ワンポイントアドバイス

- ステンシルの代わりに水に強いシールを貼りつけてもかんたんです。ビニール傘デコレーション用のシールも100円ショップなどで手に入ります。マニキュアも水に強いので、絵を描くことができます。

こんな使い方も

キッチンでハーブや調味料を入れる台にしても！　２段に収納できるので便利です。

Topics 43

ハーブを飾る
フォトフレームのリメイク

ペイントと飾りピンでプチリメイクをしたフォトフレームを、
プランターと一緒に飾ってベランダをデコレーション。

フォトフレームのリメイク

用意するもの

木製のフォトフレーム／ペンキ／飾り用のピン4個／
受け皿／メラミンスポンジ

作り方

1 フォトフレームのフレームのみを使用するので背面の板は外しましょう。

2 メラミンスポンジでペンキを塗ります。全ての面を２度塗りします。

3 飾りピンを４つの角に刺します。もし裏からピンの先が飛び出てしまう場合は、金槌でたたきピンの先を折り曲げます。

ワンポイントアドバイス

● 木製のフォトフレームや、飾り用のピンは100円ショップでも手に入ります。ほかに小さなモザイクタイルやおはじきを貼るのもきれいです。また、マスキングテープをデコパージュしたり、ミニチュアのアイアンカトラリーをかけたりしても。

こんな使い方も

インテリアにも！
摘んだハーブやドライにしたラベンダーなどのフラワーアレンジにもぴったり。ブルーのボックセージの花をガラスの花器に生けました。花がフレームに収まりきらないぐらいがかわいいです。

Topics 44

茶殻(ちゃがら)活用術で香りのあるハウスキーピング

捨てる前に！　ハーブティーを飲み終わったあとの茶葉や
剪定(せんてい)したハーブの活用法を紹介します。

茶殻活用術①〜拭き掃除編〜
ハーブの香りが漂い掃除も楽しく

●おすすめハーブ●
ミント、レモンバーム、
レモングラス

材料

ハーブティーを飲み終わったあとの茶葉
熱湯……………………………適量
水………………………………適量

作り方

1. 飲み終わったあとの茶葉が入ったポットに熱湯を注ぎ3分おきます。
2. 洗面器などに①と水を入れて湯温を調節します。
3. 雑巾をつけて絞ります。

茶殻活用術②〜忌避(きひ)編〜
ハーブの病害虫予防に

●おすすめハーブ●
ミント、レモングラス、タイム、
ラベンダー

材料

ハーブティーを飲み終わったあとの茶葉
水………………………………適量

作り方

1. 飲み終わったあとの茶葉に水を加えて鍋で煮出します。
2. 冷ましたものをスプレー容器に入れます。

剪定活用術〜ゴミ箱編〜
ゴミを捨てると香りがします

●おすすめハーブ●
ラベンダー、レモングラス、
ローズマリー

材料

剪定したハーブ

作り方

1. 剪定したハーブを紐で結びひとまとめにします。
2. ゴミ箱の底に①を詰めて、その上にビニール袋などをかけます。

column

いつまでも変わらない香りを

自宅に生えているローズマリーやローズゼラニウムは1年中香っています。ラベンダーの枝でハーブスワッグを良く作って玄関に飾ります。「ただいま」と帰る家族を香りが優しく包んでくれます。今ではキッチン横のベランダから子供達もハーブを摘んで料理に使うようになりました。ハーブと出会って20年。私はこれから先も一生ハーブのある暮らしを続けると思います。

建築家だった父から家と庭の関係とその暮らし方を学び、私自身ガーデンデザイナーという職を経て、ハーブのある暮らしを提案する仕事をしたいと思うようになりました。都会で生まれ育った私だからこそ、伝えられることがあると。ハーブを楽しむ方法を伝えることで、みなさまの暮らしがより豊かになることを願って本書を作りました。

herb school「ハーブと私」

Herb to Watashi

東京の代々木上原にあるハーブスクールです。ここでは、ハーブ料理、ハーブティー、ハーブの育て方、メディカルハーブ、植物画などのクラスを季節に合わせて開講しています。なかでも美味しく食べられる健康に良いハーブ料理のレシピ作りに力をいれています。季節のハーブを収穫して香りを体験していただき、みなさまとゆるりとした時間を過ごしながらハーブの魅力を伝えるために始めました。オンラインコンテンツで遠方の方やお忙しい方とも交流をしながら楽しいひとときを過ごしています。

また、日頃から高校や専門学校でハーブや健康食について教えたり、ハーブを事業に取り入れる企業のサポートに取り組んでいます。

ハーブの育て方

本書で紹介しているハーブの育て方をまとめました。最初は上手くいかないことがあるかもしれません。でもいくつかのポイントを押さえれば、ほかの植物に比べて手間も少なくかんたんに育てることができます。自宅で育てれば、いつでも摘みたてのハーブを楽しむことができます。

育て方のヒントになる分類

◈草のなかま（草本類）…種から育てて早く収穫できるものが多い。

一年草・・・種から発芽して１年以内に枯れるもの。花が咲くとその一生を終え種を残します。こぼれ種からまた翌年に芽を出すものも多いです。
（ディル／チャービル／バジル／ジャーマンカモミール／カレンデュラ）

二年草・・・種から発芽して２年目に花を咲かせ枯れるもの。
（イタリアンパセリ）

多年草・・・冬に葉や茎が枯れても根は枯れず、毎年春に芽を出すもの。
（オレガノ／セージ／チャイブ／ミント／レモングラス／レモンバーム）

◈木のなかま（木本類）…大きく育つものが多い。

一年中地上部（茎や枝）が枯れず、毎年成長とともに大きくなり、茎は硬く木質化する。
（タイム／レモンマートル／ローズマリー／ローリエ／ラベンダー／ローズ／ヒース）

カモミール：ローマンカモミールは多年草で草も甘い香りがするので庭に植えるのにはおすすめですが、ジャーマンカモミールのほうが甘い香りでハーブティーにすると飲みやすいです。

レモングラス：多年草ですが日本では越冬がむずかしいため、一年草として扱います。

レモンマートル：日本では観葉植物として冬は室内で育てます。

その1 準備するもの

プランター
底に穴があいているもの。

鉢底ネット
プランターの底の穴が大きいものに使用します。

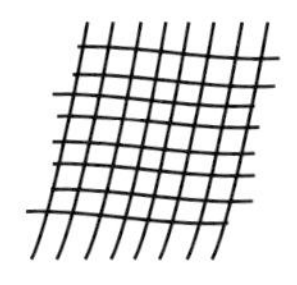

土
ハーブ用の肥料が混ざっているものがおすすめです。

鉢底石
水はけを良くするために鉢の底に入れる軽石です。

じょうろ・霧吹き
水やり用です。

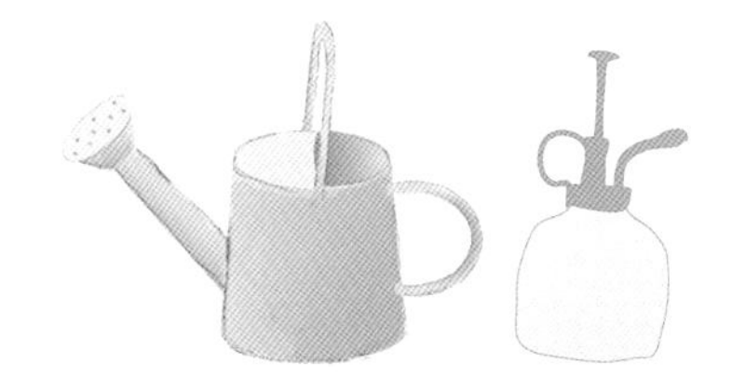

ハサミ
できれば、園芸用のハサミがあると茎を傷めにくいので良いです。剪定や収穫などに使います。

その2 育てる場所

日当たり
できるだけ日当たりの良い、明るい場所で育てましょう。ただし、レモンバームやチャービルなど葉が特に薄いものは、葉焼けするので、半日陰で育てましょう。

風通し
ハーブを育てるのに、通気性は非常に大切です。風通しが悪い場所では、葉が蒸れて枯れたり病害虫の原因にもなるので注意しましょう。

その3 苗から育てる

ハーブは苗から育てるのが、一番手軽です。ビニールポットで販売されている苗は、購入したらすぐにプランターに植えましょう。

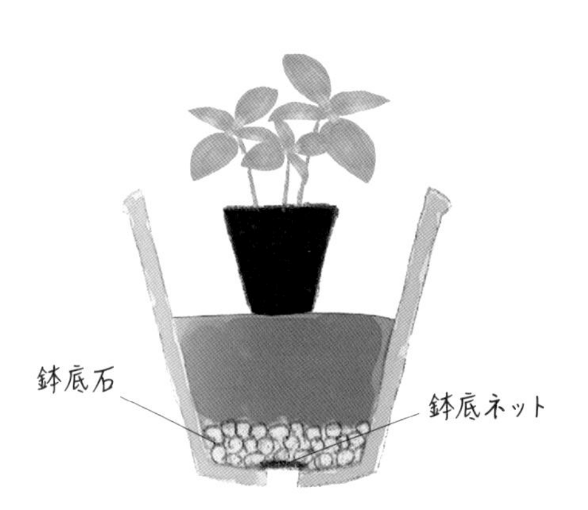

❶ プランターに鉢底ネットを入れます。プランターの底がネット状になっているものは、必要ありません。その上に鉢底石と土を入れ苗を仮おきして高さを調整します。

❷ ビニールポットを外した苗をおきます。

❸ 土を足します。

❹ 水が鉢の底から流れ出すまで、たっぷり水を与えます。

その4 種から育てる

種から育てる場合は、種を購入した時に記載されている発芽温度に注意して種を蒔きましょう。

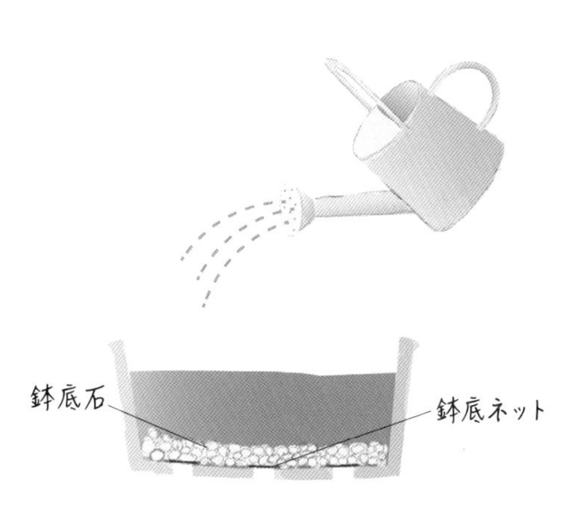

❶ プランターに鉢底ネットを入れ、その上に鉢底石と土を入れます。あらかじめ土にたっぷり水をかけておきます。

❷ ハーブの種は非常に小さなものが多いです。二つ折りにした紙を使って均一に蒔き、上からやさしく土を薄くかけます。

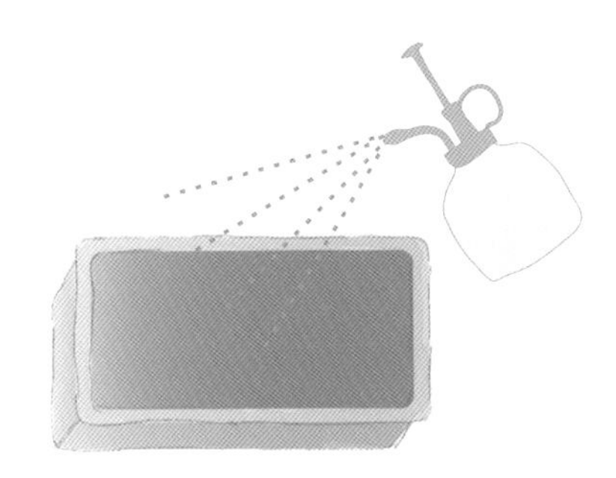

❸ 霧吹きやじょうろでやさしく少量の水をかけます。発芽するまでは土の表面を乾かさないように水やりを続けます。

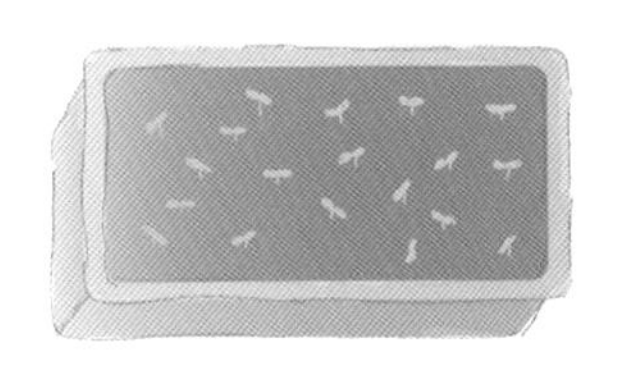

❹ 芽を出して葉が重なるぐらい生長してきたら、間引きします。間引きした芽も食べられます。

これだけは知っておきたい育てるポイント

水やりは控えめに

土の表面がしっかり乾いてから、鉢の底から水が流れ出るまでたっぷり水を与えます。水を与えすぎると、根腐れして枯れてしまいます。春・秋・冬は、週に１～３回。梅雨時の水やりは頻度を控え、夏の日差しの強い時期は、朝もしくは夕方に毎日水を与えます。

肥料は少なめに

植える時に、ハーブ用の肥料の混ざった土を使用した場合は、基本的にその年の追肥は必要ありません。翌年の春に肥料を根元に足しましょう。ただし、一年草・二年草のハーブは、葉が黄色くなってきたら追肥しましょう。多年草のハーブは１年に１回。木本類は２年に１回が追肥の目安です。

剪定=収穫
剪定を兼ねて収穫を

ハーブは蒸れを嫌います。葉が傷んだり、虫がついたり、病気になりやすくなるからです。特に根元に近い場所は蒸れやすいです。いつもハーブの隙間から向こう側が見えるように収穫することを心がけましょう。

剪定は梅雨入り前と夏の終わりに思い切って！

梅雨入り前は、株の根元に日が当たるように、思い切って枝や茎ごと収穫（剪定）をしましょう。さみしいと思うくらいがちょうど良いです。また夏に伸びた分も、少し気温が下がり始めたころに収穫（剪定）します。詳しくは、以降のページで。

基本的なお手入れも忘れずに

黄色くなった葉や茶色くなった葉、枯れた葉はなるべく早めに取り除きます。傷んだ葉は病害虫の原因になり、また取り除くことで見た目も良くなります。

虫と病気はコマメなチェックを

コマメなチェックで虫のつき始めや病気のなり始めに気がつくことができます。特に葉の裏側には虫や病気が潜んでいることがありますので注意しましょう。広がってしまってからでは、手遅れになります。芋虫やアブラムシはセロハンテープなどで取り除きます。病気になりかけた葉を見つけたら、すぐに茎ごと取り除きます。

鉢より大きく育ったら植えかえを

地上部分(葉や茎)と地下部分(根)は同じぐらいの広さが望ましいです。狭くなると、根詰まりして枯れてしまいます。ハーブがプランターより大きく育ったら、ひとまわり大きな鉢に植え替えましょう。鉢が大きいと水枯れにもなりづらく、管理も楽です。

翌年の準備は?

一年草のハーブの花が咲き終わった後や、ハーブや花が枯れた後のプランターの土をざるにあけてふるいにかけます。根やゴミを取り除き、肥料を混ぜれば土はまた翌年の春に利用することができます。採れた種は、乾燥した冷暗所に保存しておきましょう。

収穫と剪定の仕方

◆草のなかま（草本類）

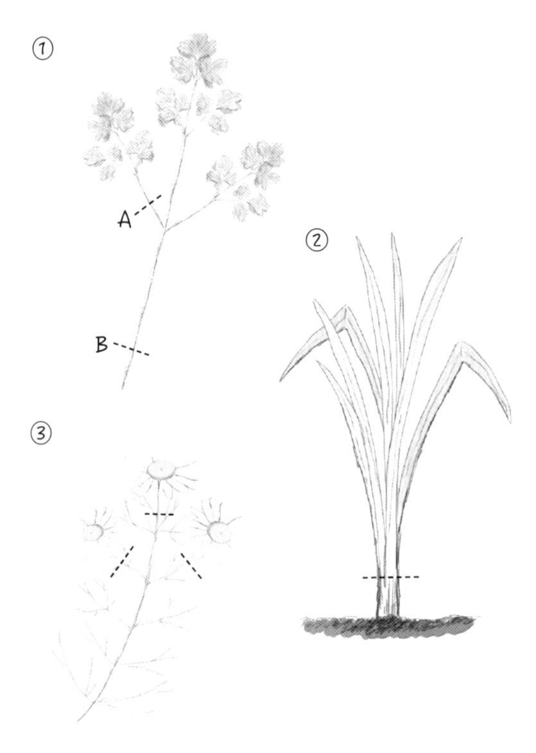

収穫の仕方いろいろ

①イタリアンパセリやチャービルはＡまたはＢから手またはハサミで切り取ります。

②レモングラスは根元から部分ハサミで切って収穫します。株が小さいうちは、使う分だけを切り取ります。日本の寒さには耐えられませんので、葉が茶色くなる前に根元から全て切り取り、干して保存しましょう。

③カモミールなどの花を収穫する場合は、手またはハサミで花の部分を切り取ります。花の時期は短いので、フレッシュで楽しむ分を除き、花が開いたら早めに収穫して干して保存しましょう。

一年草・二年草のハーブ

中心の茎に時期が来ると花が咲きます。花が咲いた茎とその茎についている葉は硬くなり、食べづらくなります。また花がつくとその一生が終わってしまうため、つぼみのうちに取り除くことで、長い間収穫を楽しむことができます。

収穫のタイミング

通常、葉がある程度大きく育ってから収穫しますが、ディルは育つと葉が硬くなってしまいます。料理には新芽を使うので、芽が柔らかいうちに収穫しましょう。

◈木のなかま（木本類）

ローズマリー

中心となる枝を切ると樹形が崩れてしまいます。脇から出てきた枝を収穫するようにしましょう。特に根元に近い部分は念入りに収穫することで風通しが良くなり、健康に保つことができます。

ラベンダー

鑑賞するために残す花以外は、蕾のうちに収穫します。花が開いた後に収穫すると、乾燥した時に花びらは茶色くポロポロ落ちてしまい、また香りの持ちも良くありません。花穂から２節ほど下の葉がついている少し上を、ハサミで切ります。

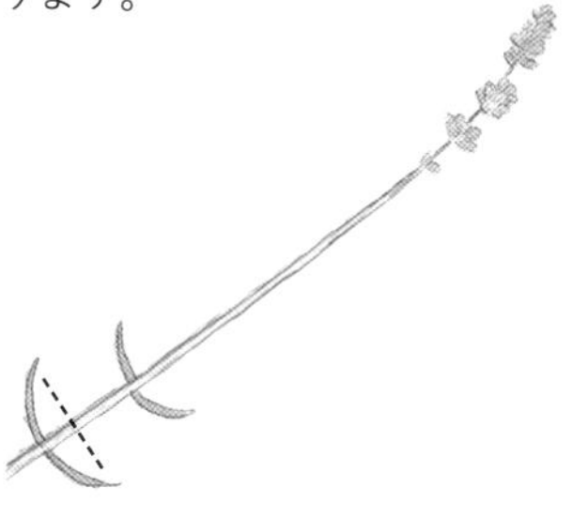

花の時期が終わったら全ての枝を短く切り揃えることで、翌年もまたきれいな状態を保つことができます。

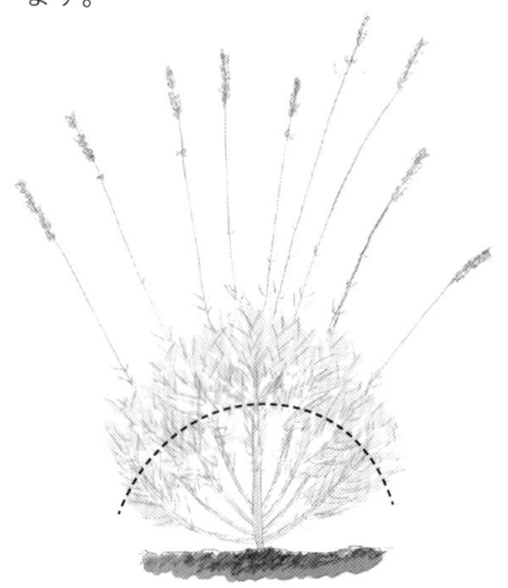

おすすめのハーブ＆グッズショップ

品質の良いハーブやグッズ、シンプルで使い心地の良い
食器が手に入るショップをご紹介します。

ハーブグッズが買えるショップ
グリーンフラスコ自由が丘店

「緑の薬箱 Green Media Shop」をコンセプトに、薬剤師である代表の林氏が国内外から厳選したハーブや精油を豊富に取り揃えています。体に良いものを求める大人の女性のために、美容や心身の調和、自然治癒力を高めるための植物療法などを提案しています。ワークショップやイベントも数多く開催しているので、気軽に立ち寄りたいショップです。

自由が丘駅南口より徒歩３分と、アクセスも便利。

所在地：〒158-0083
東京都世田谷区奥沢5-41-12　ソフィアビル1F
Tel：03-5483-7565
営業時間：平日・祝日　12:00～18:00
　　　　　土曜日・日曜日　11:00～18:00
定休日：水曜
講座：グリーンフラスコ認定「J-aromaマイスター養成講座」
HP：www.greenflask.com
※最新の営業時間はホームページにてご確認ください。

ハーブティーの試飲コーナーで自分に合ったハーブを見つけたい。

食器やキッチンツールが買えるネットショップ
KINTO（キントー）オンラインショップ

心満たされる豊かな日常をコンセプトに、使い心地と美しい佇まいを実現した「KINTO」の生活道具。その食器は料理を選ばず、五感になじむものばかり。リーズナブルな価格も魅力で、多くの飲食店に採用されています。耐熱性のグラス類やスタイリッシュな保存容器など、日常使いにぜひ取り入れたいラインナップです。

好みのストレーナーを組み合わせられるポット、マグ、カップ&ソーサー、トレイなどの揃う「UNITEAシリーズ」

本書で使用したKINTOのブランド

・「CAST」
・「BAUM NEU」
・「RIM」
・「OVA」
・「BOTTLIT」
・「atelier tete」
・「UNITEA」
・「KRONOS」
・「TOTEM」
・「HIBI」
・「TOPO」

HP：https://kinto.co.jp/

耐熱容器の「CAST」シリーズは、食卓にそのまま出せるデザイン。

輸入ペーパーナプキンが買えるショップ&ネットショップ
Japan Art Paper(専門店・通販サイト)

アートペーパー専門店「ジャパンアートペーパー」では、3000点以上の質の良いヨーロッパのペーパーナプキンを取り揃えています。デコパージュやクラフトに最適なアートペーパーは、ヨーロッパ製に加え、日本のアーティストによる和を感じさせる「FUNE」ブランドも販売中！　生活の中に取り入れたくなる素敵なペーパーをたくさん展開しているので、お気に入りのペーパーを探してみては。

所在地：〒171-0033　東京都豊島区高田1-6-9
Tel：03-3207-5379
営業時間：10:00〜18:00
営業日：水・木・金・土・日曜／定休日：月・火曜
HP: https://japanartpaper.online

2020年3月から、カフェ【iro】を併設してリニューアルオープン。都電荒川線早稲田駅より徒歩2分。

棚にはペーパーナプキンがびっしり！　豊富な柄の中からお気に入りを見つけて。

こだわりの食器が買えるネットショップ
マルミツウェブストア

「マルミツウェブストア」は、「スタジオ エム」「ソボカイ」というテーブルウェアブランドを抱えるマルミツポテリの公式オンラインストアです。「食事は楽しい」というコンセプトのもとにデザインされた様々な食器は、日々の食事を今よりも楽しくしてくれること間違いなし。サイズやデザインの展開も豊富なので、こだわりの食器の中から、自分のお気に入りを見つけてみてください。

HP: https://www.marumitsu.jp/webstore

ミント柄があしらわれた食器は、春夏の空気感を閉じ込めたよう。ハーブとの相性も抜群。

フランスのパリを思わせるような大人な雰囲気の色展開で、食卓のアクセントに。

レシピ制作／執筆／スタイリング／イラスト

諏訪 晴美
（すわ はるみ）

1978年東京生まれ。2000年町田ひろ子アカデミーガーデニングプランナー科卒業。同年Manhattanville College留学。'02年成城大学経済学部卒業。広告代理店や出版社勤務を経て、'06年榊原八朗氏に師事。'07年ガーデンデザイン事務所アトリエユキヤナギ設立。10年後、ハーブを広めるためにハーブスクール「ハーブと私」を始める。現在、ハーブ料理のレシピ開発とハーブを新規事業に取り組む企業のサポート及び学校等でハーブや健康食について教える。NPOでハーブを広める活動にも取り組む。JAMHAハーバルセラピスト。yukiyanagi.com

Staff

撮影　板東美佳
デザイン　宇野真理子
DTP　デザインオフィス・レドンド
編集　フィグインク

撮影協力
株式会社 キントー
Tel:03-3780-5771
http://www.kinto-shop.com/

エスビー食品株式会社
Tel:0120-120-671
http://www.sbfoods.co.jp/

マルミツポテリ
Tel:0561-82-8066
http://www.marumitsu.jp/

毎日のハーブ 使いこなしレッスン 新版
心と体を癒す普段使い＆おもてなしレシピ

2023年2月28日　第1版・第1刷発行

監修者　諏訪　晴美（すわ　はるみ）
発行者　株式会社メイツユニバーサルコンテンツ
　　　　代表者　大羽孝志
　　　　〒102-0093 東京都千代田区平河町一丁目1-8
印　刷　株式会社厚徳社

◎『メイツ出版』は当社の商標です。

ご意見・ご感想はホームページから承っております。
ウェブサイト　https://www.mates-publishing.co.jp/

編集長：堀明研斗　企画担当：折居かおる／清岡香奈

※本書は2017年発行の『もっと暮らしに 毎日のハーブ 使いこなしレッスン』の内容を元に、情報の更新と加筆･修正を行い、書名と装丁を変更して新たに発行したものです。